The periodic table of the elements

典型非金属元素
典型金属元素
遷移金属元素

10	11	12	13	14	15	16	17	18	族／周期
								2 He ヘリウム Helium 4.003	1
			5 B ホウ素 Boron 10.81	6 C 炭素 Carbon 12.01	7 N 窒素 Nitrogen 14.01	8 O 酸素 Oxygen 16.00	9 F フッ素 Fluorine 19.00	10 Ne ネオン Neon 20.18	2
			13 Al アルミニウム Aluminium 26.98	14 Si ケイ素 Silicon 28.09	15 P リン Phosphorus 30.97	16 S 硫黄 Sulfur(Sulphur) 32.07	17 Cl 塩素 Chlorine 35.45	18 Ar アルゴン Argon 39.95	3
28 Ni ニッケル Nickel 58.69	29 Cu 銅 Copper 63.55	30 Zn 亜鉛 Zinc 65.38	31 Ga ガリウム Gallium 69.72	32 Ge ゲルマニ Germaniu 72.63	33	34	35 ne	36 Kr クリプトン Krypton 83.80	4
46 Pd ラジウム alladium 106.4	47 Ag 銀 Silver 107.9	48 Cd カドミウム Cadmium 112.4	49 In インジウム Indium 114.8	50 Sn スズ Tin 118.7	Sb アンチモン Antimony 121.8	Te テルル Tellurium 127.6	I ヨウ素 Iodine 126.9	54 Xe キセノン Xenon 131.3	5
78 Pt 白金 latinum 195.1	79 Au 金 Gold 197.0	80 Hg 水銀 Mercury 200.6	81 Tl タリウム Thallium 204.4	82 Pb 鉛 Lead 207.2	83 Bi ビスマス Bismuth 209.0	84 Po ポロニウム Polonium [210]	85 At アスタチン Astatine [210]	86 Rn ラドン Radon [222]	6
110 Ds ムスタチウム rmstadtium [281]	111 Rg レントゲニウム Roentgenium [280]	112 Cn コペルニシウム Copernicium [285]	113 Nh ニホニウム Nihonium [278]	114 Fl フレロビウム Flerovium [289]	115 Mc モスコビウム Moscovium [289]	116 Lv リバモリウム Livermorium [293]	117 Ts テネシン Tennessine [293]	118 Og オガネソン Oganesson [294]	7

64 Gd ドリニウム adolinium 157.3	65 Tb テルビウム Terbium 158.9	66 Dy ジスプロシウム Dysprosium 162.5	67 Ho ホルミウム Holmium 164.9	68 Er エルビウム Erbium 167.3	69 Tm ツリウム Thulium 168.9	70 Yb イッテルビウム Ytterbium 173.0	71 Lu ルテチウム Lutetium 175.0	57～71 ※ ランタノイド Lanthanoid
96 Cm ュリウム Curium [247]	97 Bk バークリウム Berkelium [247]	98 Cf カリホルニウム Californium [252]	99 Es アインスタイニウム Einsteinium [252]	100 Fm フェルミウム Fermium [257]	101 Md メンデレビウム Mendelevium [258]	102 No ノーベリウム Nobelium [259]	103 Lr ローレンシウム Lawrencium [262]	89～103 ※※ アクチノイド Actinoid

JN129963

物質科学の基礎としての

化学入門

第2版

大学の基礎化学教育研究会 編

学術図書出版社

はじめに

新しい機能をもった材料や工業製品が続々と開発される一方で，地球規模で深刻な環境問題を抱えている現代社会においては，教養としての化学の知識が欠かすことができない．とりわけ理工系大学の学生には，物質・材料科学の基盤である化学の知識を要求される機会は多い．化学が産業，生活，社会のなかでいかに重要であるかを再認識する必要がある．

本書は，現代人の常識として必要な化学の素養，並びに物質・材料科学の基礎である化学の基礎知識を習得することを目的としており，大学学士課程の初年次学生向けの教養科目，専門基礎科目の教科書，参考書として，次のような方針で編纂されている．

(1) わかりやすい
(2) 化学のおもしろさを堪能できる
(3) 化学に興味がもてる
(4) 化学の基礎学力が確実に身につく
(5) 専門科目への橋渡しになる
(6) それぞれの専門分野で役立つ
(7) 現代化学の自然観・物質観が理解できる

化学は，物質の成り立ちとその構造，性質および変化について，原子や分子に着目して考える学問である．本書の学習内容には物質の基本構造，化学量論の基礎，基本的な化学変化や物性が含まれており，化学の基礎知識として必要十分な内容になっている．また，これまで化学に触れる機会がほとんど無かった学生であっても，理解できるように配慮されている．

本書を活用して，さまざまな化学の世界を楽しんでもらえれば望外の喜びである．この学習を通して，化学の基礎知識，基礎学力が確実に身につくとともに，将来，必ず役立つものと確信する．

2024 年 10 月

大学の基礎化学教育研究会

もくじ

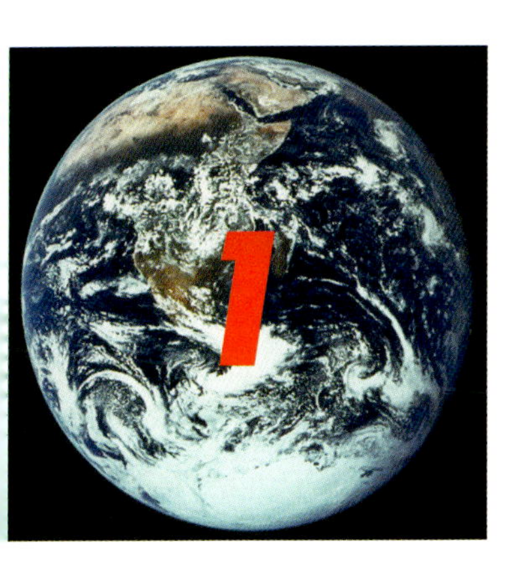

物質の分類

自然界はさまざまな物質によって構成され，われわれ生物自身も多くの物質から成り立っている．自分自身をも含めた“物質”とは何かを考えることは自然科学の第一歩であり，化学の本質でもある．本章では物質探求の第一歩として，これらの“物質”の発見と命名，分類について簡単な歴史的変遷を振り返りながら，物質を分類し，物質を構成する基本的成分について考える．多種多様な物質間で共通すること，異なることは何かを明らかにしていこう．

炭素の同素体

黒鉛	ダイヤモンド
フラーレン	ナノチューブ

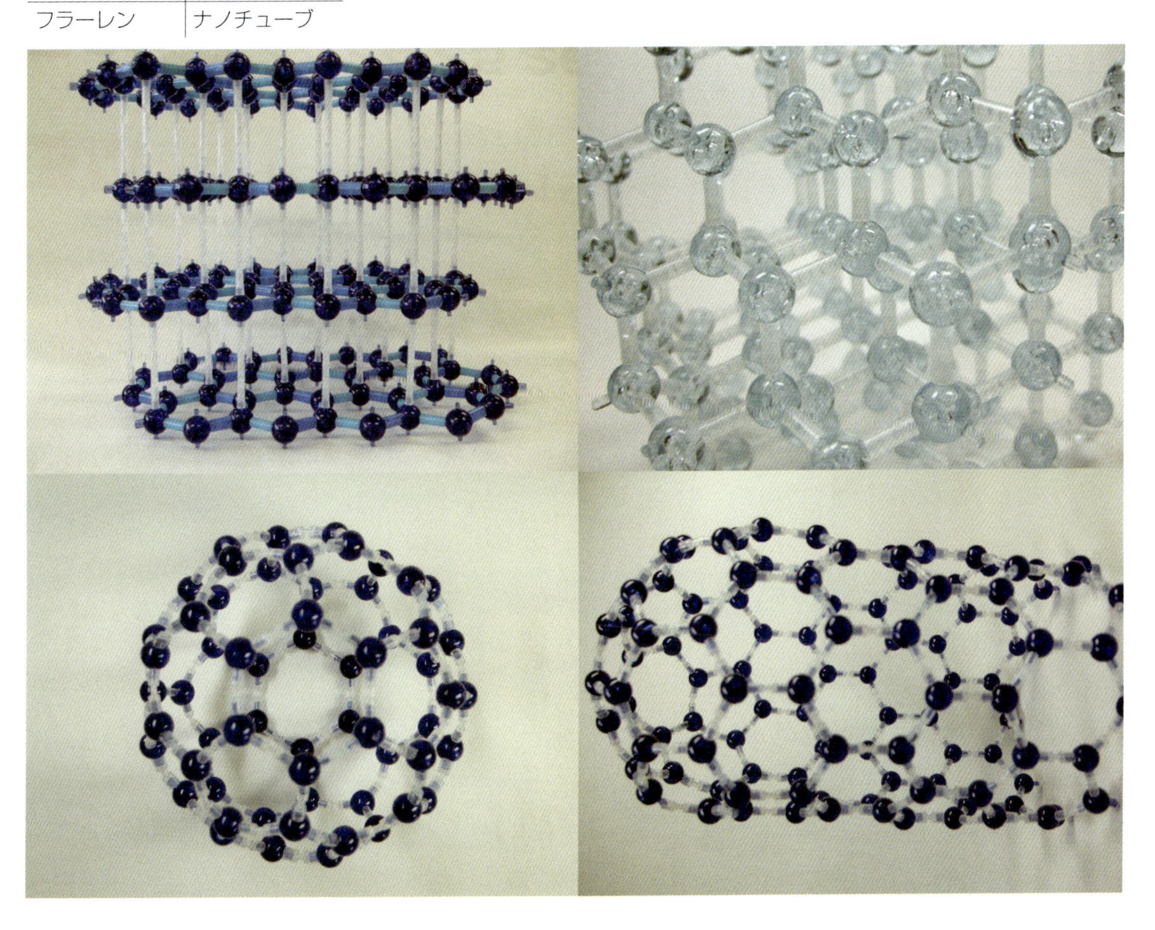

1.1 物質観の変遷

物質を構成する基本的成分を**元素**という．元素は現在 118 種類ほど知られていて，そのうち約 90 種類が天然に存在する．各元素は元素記号で表される（第 2 章参照）．

表 1.1　元素の表し方の変遷

	金	銀	銅	鉛	硫黄	水	塩	水素	窒素	酸素
古代ギリシア		☾	♀	♄		∽∽				
ドルトン	Ⓖ	Ⓢ	Ⓒ	Ⓛ	⊕			⊙	⦶	○
ベルセリウス	Au	Ag	Cu	Pb	S			H	N	O

元素や物質の表し方の変遷を表 1.1 にまとめた．紀元前の古代ギリシアで使用されていた物質を表す記号の中には，水や塩のような化合物に対しても 1 つの物質として 1 つの記号が割り当てられていた．化学的な手法が発達した中世の錬金術の時代を経て，複数の元素の原子から構成される化合物が発見されると，それぞれの構成元素を組み合わせて物質を表記するようになった．さらにドルトン（1766 ～ 1844 年）によって「原子」の概念が定着し，独自の元素記号が用いられるようになってきた．現在用いられている 1 文字あるいは 2 文字のアルファベット記号から構成される元素記号は，1814 年にベルセリウスが考案した．彼は，当時の学術用語であったラテン語などの元素名からアルファベットを選び，元素記号の体系化を提案した．

実在するこの世界は，ほとんどすべてが複数の物質から構成される混合物である．その構成元素の違いや各成分の割合，配列の違いで個々の特性が発現している．したがって，それぞれの物質の特性を正確に知るためには，その物質の構成成分の種類と割合を正確に知る必要がある．有史以前から人類は新しく見つけたものに名前をつけ，その成分を調べ，性質を理解して自らの生活に利用してきた．複数の物質を組み合わせて利用することで，個々の特性を生かしたより便利なものや，さらに優れたものを作り出してきた．当然，「これ以上他の物質と分離できないもの」=「純粋な物質」=「純物質」ということになり，「何らかの操作によっていくつかの物質に分離できるもの」=「混合物」となる．次節から純物質，混合物，分離方法の順に解説する．

1.2 純物質と混合物，単体と化合物

1.2.1 純物質

物質は純物質と混合物に大別される（図 1.1）．

純物質は一定の化学組成からなる単一の純粋な物質であり，機械的，物理的操作で 2 種類以上に分離できない．たとえば，酸素，オゾン，鉄，水，二酸化炭素，塩化ナトリウムなどが挙げられる．純物質は固有の物性（融点，沸点，密度，水溶性など）を示す．たとえば，純粋な水の沸点は 100 ℃，純粋なエタノールの沸点は 78 ℃など，純物質は常に一定の性質を示す．これに対し，2 種

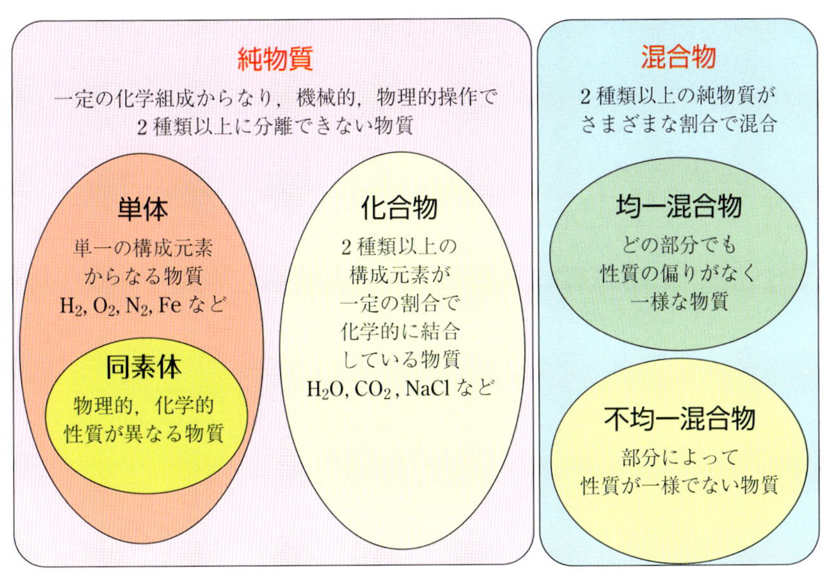

図1.1　物質の分類

類以上の物質が混ざった混合物では，その成分組成によって性質が変化する．たとえば，水とエタノールの混合物である酒は，アルコール濃度によって沸点が変化する．

純物質は1種類の元素で構成される**単体**と，2種類以上の元素で構成される**化合物**に分けられる．酸素 (O_2)，オゾン (O_3)，鉄 (Fe) のような純物質は単体，水 (H_2O)，二酸化炭素 (CO_2)，塩化ナトリウム (NaCl) などが化合物である．元素と単体は同じ名称で呼ばれることが多いが，元素は物質の構成成分を，単体は実際に存在する物質を意味する．次の使い分けに注意しよう．

元素名と元素記号	水素 H	窒素 N	酸素 O
実在する物質である単体の名称と化学式	水素 H_2	窒素 N_2	酸素 O_2

元素名の例：「水分子 H_2O は水素 H と*酸素* O から構成されている．」

単体の例：「空気は*窒素* N_2 と*酸素* O_2 の混合物である．」

単体の中でも同じ元素の原子だけでできているが原子の配列や結合の仕方が異なり，性質が異なるものがある．それらを互いに**同素体**という (表1.2，1.3)．たとえば，酸素とオゾンは，同じ酸素という元素から構成されるが，その性質はまったく異なり，互いに同素体である．他に同素体が存在する元素は，炭素，硫黄，リン，スズなどである．

表 1.2　炭素の同素体

物質	化学式	性質など
黒鉛 （グラファイト）	C	・C 原子のみからなる正六角形平面が，層状に重なった構造 ・黒色の平板状結晶，金属光沢 ・電気伝導性，潤滑性，熱伝導性，耐薬品性に優れる ・鉛筆の芯の主成分
ダイヤモンド	C	・C 原子の正四面体がピラミッド状に連なった立体構造 ・無色透明な結晶，高硬度 ・高屈折率，電気伝導性なし
フラーレン	C_{60}	・60 個の C 原子が頂点に配置された黒白サッカーボール型の球殻構造 ・C_{60} 分子が集まってできた分子結晶は，アルカリ金属をドープすると超伝導性を示す
ナノチューブ類	C_n	・C 原子の正六角形が筒状に広がった構造 ・構造によって金属的または半金属的，柔軟性，強靱性に優れ，引っ張り強度大，内部空間の利用

表 1.3　同素体の例

元素	物質名	化学式	性質など
酸素	酸素	O_2	無臭，気体は無色透明，液体は淡青色
	オゾン	O_3	有毒，刺激臭，強い酸化力，気体は青色，液体は深青色
硫黄	単斜硫黄	S_8	黄色針状結晶
	斜方硫黄	S_8	黄色塊状結晶，もっとも安定
	ゴム状硫黄	S_x	暗赤色無定型固体

1.2.2　混合物

混合物は 2 種類以上の純物質を含み，組成（混合比）により，密度などの物性が変化する．たとえば，空気，海水，原油，岩石，牛乳などが混合物である．混合物は，沸点や溶解性，溶解度などの純物質の性質の違いを利用して分離，精製することができる．

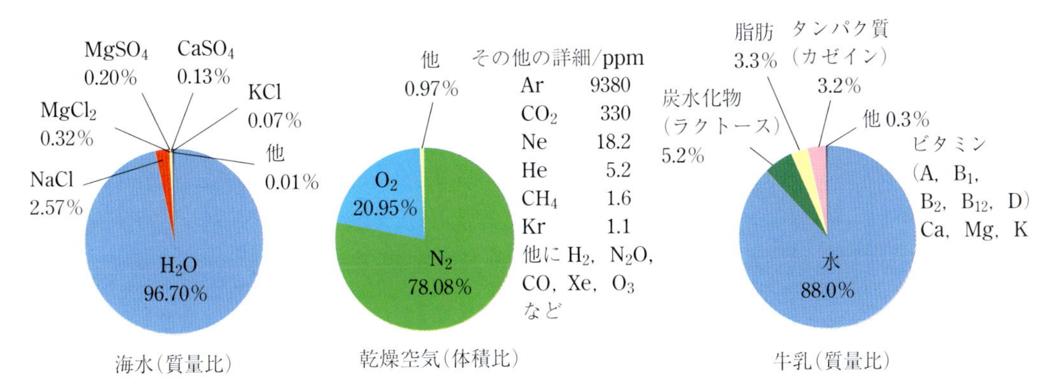

図 1.2 代表的な混合物の組成(図中の ppm は百万分率. $1\ \text{ppm} = 10^{-6} = 0.0001\ \%$. $1\ \% = 10000\ \text{ppm}$. 1 kg 中の mg 数, 1000 L 中の mL 数. ppm の単位としての次元は無次元)

図 1.3 混合物の例
左から花崗岩(御影石), ドレッシング, コンクリート(土木工事用)
(左:サラダ油入りドレッシング, 右:エマルジョン系ドレッシング)

混合物は, さらに次のように分類される場合がある.

均一混合物:物質が均一に混ざっていて, どの部分もその割合が同じ混合物.
どの部分も性質の偏りがなく一様になっている.
(例) 海水(水と塩の混合物), 空気(窒素, 酸素などの気体の混合物)など(図 1.2).

不均一混合物:物質が不均一にまだら状に混ざっていて, 濃度の異なる部分が存在する混合物. 性質も一様にはなっていない.
(例) 花崗岩(御影石), サラダドレッシング, コンクリートなど(図 1.3).

合金は混合物の 1 つで, 融解した金属に他の金属元素の単体あるいは非金属元素の単体を混合して凝固させたものである(表 1.4). 合金にすることで, 各金属単体単独では得られない優れた特性をもつ金属材料を作り出せる. 古代から人類は自分たちの持っている技術レベルに応じた加工性と特性をもつ合金を作り出して利用してきた.

表 1.4　代表的な合金の組成と特徴

名　称	組成 /%	特徴・用途
18-8 ステンレス鋼	Fe : 74 Cr : 18 Ni : 8	大気中で極めて錆びにくい． 厨房設備，鉄道車両外装・部品
13-クロムステンレス鋼	Fe : 87 Cr : 13	大気中で錆びにくい，焼き入れ可能． 刃物，化学薬品を扱う機械器具，工業用品
ジュラルミン	Al : 94-96 Cu : 3.5-4.5 Mg : 0.4-0.8 Mn : 0.3-0.9	軽量(密度 2.85 g/cm^3)，強度大で，熱処理により調質可能． 航空機機体，車両
黄銅(真鍮)	Cu : 60-70 Zn : 30-40	加工しやすく，強靱で銅に比べ腐食しにくい． 楽器，日用品，水道器具
青銅(ブロンズ)	Cu : 65-90 Sn : 35 未満	鋳造性に富み，銅に比べ腐食しにくい． 美術工芸品
有鉛はんだ	Sn : 63 Pb : 37	融点が低い． 金属の接合剤
鉛フリーはんだ	Sn : 96.5 Ag : 3.0 Cu : 0.5	人体や環境影響に配慮した鉛を含まないはんだ．従来のはんだに比べ融点がやや高い． 金属の接合剤
ニクロム	Ni : 77-99 Cr : 19-20 Mn : 2.5 未満 Fe : 1 未満	電気抵抗が適度に大きい． 電熱線，発熱体
水素吸蔵合金	Ni : 42 Co : 40 La : 13 Nd : 3 Al : 2	水素の吸収，放出が容易だが，繰り返しにより水素脆化する． ニッケル水素蓄電池
形状記憶合金	Ni : 55 Ti : 45	加熱により元の形状にもどる． 温度センサ，眼鏡フレーム，歯列矯正器具，アクチュエータ

1.3　物質の分離

天然に存在，あるいは人為的に生産された混合物は，その成分物質の性質を利用して，物理的，化学的に分離できる(表 1.5)．分離できた純物質は特性を評価し，そのまま利用したり，用途に応じた性能を発揮するように混合されたり，化学反応により別の物質へと変化させたりする．純物質を用いることで新規物質の研究開発が容易になり，製品の製造管理や性能制御の向上が期待できる．たとえば，特定の効能をもつ薬を調合する場合，天然物の生薬は生育環境に依存し，個体差もあり，薬の効能の管理が困難になる．一方，各薬効物質を分離して取り出し，設定した効能になるように調合すれば，効能の管理が容易となる．このように物質の分離，精製は科学技術では重要な意味をもつ．

表 1.5　分離操作の例

蒸留	分留
成分物質の沸点の差を利用して物質を分離する操作．気化した蒸気はリービッヒ冷却管などで冷却し液体に戻して回収する． 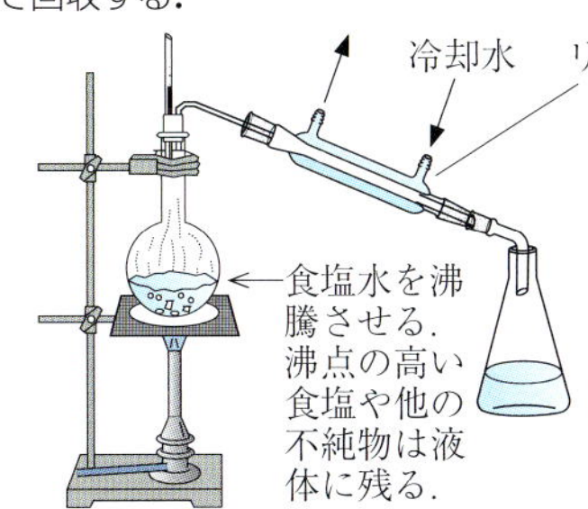	蒸留の一種で，2 種類以上の沸点の異なる物質を液体混合物から分離する操作． 例：原油の精製（次ページのコラム参照） 沸点の異なるさまざまな炭化水素の混合物である原油から沸点の範囲によって軽油（沸点 240〜350℃，C_{14}-C_{18}），灯油（沸点 170〜250℃，C_{10}-C_{14}），ナフサ（沸点 30〜180℃，C_5-C_{10}）などを分離している（C_n は n 個の炭素原子を含む化合物を意味する）．
ろ過	**再結晶**
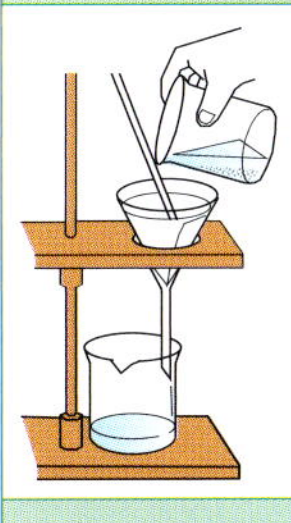 液体と，その液体に溶けにくい固体の混合物を，ろ紙を用いて分離する操作．固体はろ紙上に残り，液体が下に流れて分離される． 使用するろ紙の孔径（No で表記）や灰分の量（アルファベットで区別）などで用途によって使い分ける．	温度による物質の溶解度の差を利用し，不純物を含む結晶から，不純物を取り除く操作． 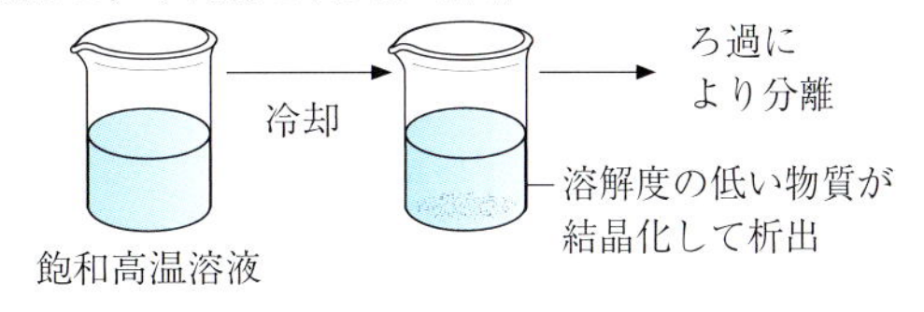
抽出	**昇華法（＊）**
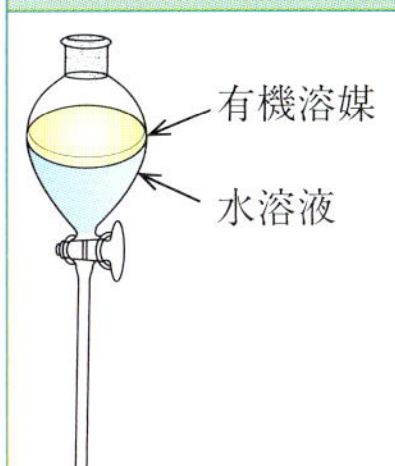 溶媒に対する溶解度の差を利用して，混合物から特定の物質を溶かし出す操作． 水溶液中の成分の分離には水と混ざらないヘキサンやエーテルなどの無極性溶媒を使用する．	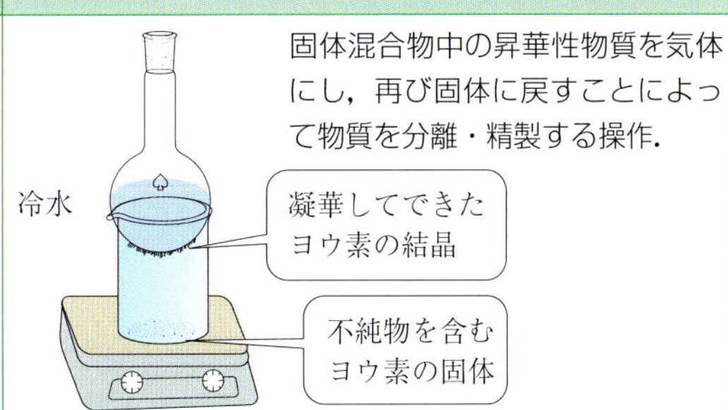 固体混合物中の昇華性物質を気体にし，再び固体に戻すことによって物質を分離・精製する操作．
クロマトグラフィー	**カラムクロマトグラフィー**
ペーパーまたは薄層クロマトグラフィー  溶媒に溶解した物質がろ紙やシリカゲルなどの吸着剤表面を移動するとき，物質によって移動しやすさが異なることを利用して物質を分離・精製する操作． 左図ではろ紙上のスポットとして成分が分離されている．	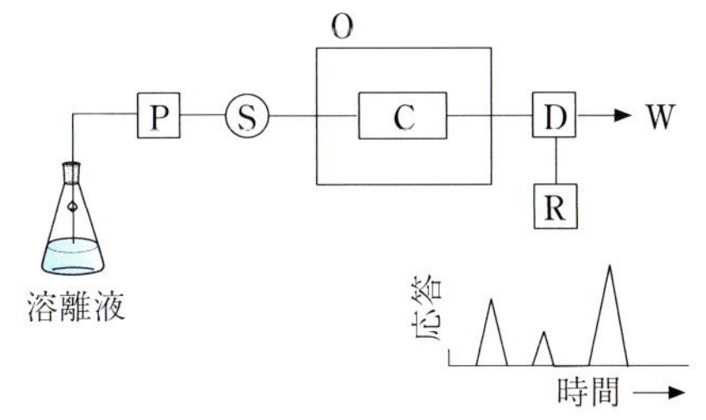 溶離液はポンプ（P）で送液される．試料溶液はサンプルインジェクター（S）から流路に注入され，オーブン（O）で一定温度に保たれているカラム（C）で分離され，検出器（D）で検出される．検出器の応答はレコーダー（R）で記録される．分析後の溶液は排液（W）となる．

（＊）　液体を経ることなく，固体から直接気体になる変化を昇華，逆に気体から直接固体になる変化を凝華という．第 6 章図 6.1 参照．

コラム　原油の精製

原油は沸点の異なるさまざまな炭化水素の混合物である．石油精製工場の蒸留塔ではそれらを分留して数種類の流出物（石油製品）を得る．

蒸留塔は気液接触面積が大きくなるような構造をもち，低沸点成分の蒸発→濃度増加→凝縮のサイクルと熱効率を向上させたものを精留塔ということもある．蒸留塔は塔内を多数の棚板（トレイ）で仕切った棚段塔と，充填物の表面で気液接触を行わせる充填塔に分けられる．図は棚段塔の例である．

液面調節用に設けてあるウェアーによって各段は一定の液量を保たれる．ウェアーから溢れた液はダウンカマー（下段に液を導く通路）を通って，下段に流れる．トレイには多数の開口部があり，バブルキャップ（泡鐘）が被せてある．このため，下段からの蒸気がここを通過する際，上段の液と十分接触できる．下段から上昇してきた蒸気は温度が高く，高沸点成分を多く含むため，段上の液と接触したときに凝縮して，その液に熱エネルギーが移動する．段上の液は下段から上昇してきた蒸気と比べて温度が低く，低沸点成分を多く含むので，下段の蒸気から熱エネルギーをもらい，蒸発する．その結果，各段で気液接触を繰り返しながら，低沸点成分に富んだ蒸気はさらに上段へと上昇し，高沸点成分に富む液はこの塔内を下降する（還流）．場合によっては，塔頂製品の一部を塔頂段に返す還流を行って，塔頂製品の純度を高くする．

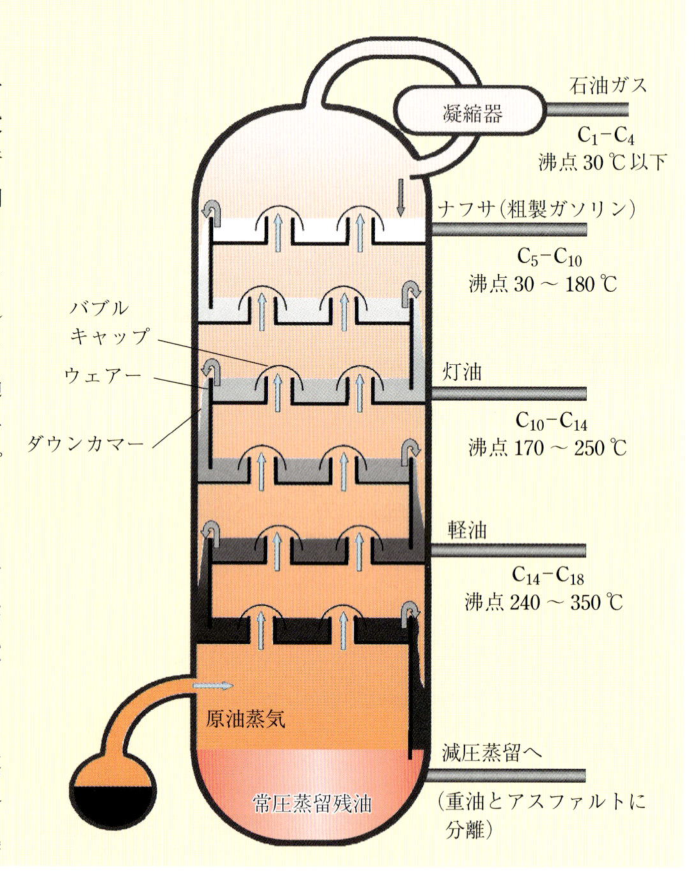

要点のまとめ

（1）　物質の分類

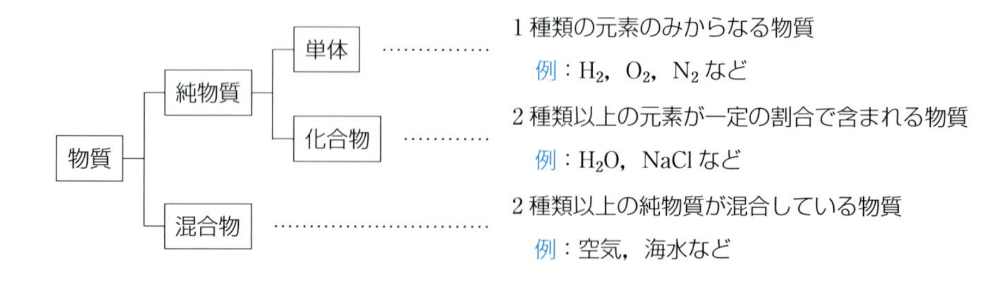

(2)　同素体 … 同じ元素の単体で，互いに性質の異なるもの

元素名	元素記号	単体名
炭素	C	黒鉛（グラファイト），ダイヤモンド，フラーレン（C_{60}）
酸素	O	酸素（O_2），オゾン（O_3）
硫黄	S	単斜硫黄（S_8），斜方硫黄（S_8），ゴム状硫黄

(3)　合金 … 複数の金属元素，あるいは金属元素と非金属元素からなる混合物．
純金属に他の元素を添加するとその性質（たとえば，融点や機械的強度，耐食性など）が大きく変化する．

名　称	成　分	用　途
鋼（はがね，こう）	Fe–C	構造材，刃具他
ステンレス鋼	Fe–Ni–Cr	構造材，容器，配管
黄銅（真鍮：しんちゅう）	Cu–Zn	バルブ，軸受
青銅（ブロンズ）	Cu–Sn	軸受
ジュラルミン	Al–Cu	構造材
ニクロム	Ni–Cr 他	電熱合金

(4)　分離操作 … 混合物から目的の純物質を取り出す操作
分離操作の例
蒸留：成分物質の沸点の差を利用して物質を分離する操作
分留：蒸留の一種で，2 種類以上の沸点の異なる物質を液体混合物から分離する操作
ろ過：液体と，その液体に溶けにくい固体の混合物を，ろ紙を用いて分離する操作
抽出：溶媒に対する溶解度の差を利用して，混合物から特定の物質を溶かし出す操作
再結晶：温度による物質の溶解度差を利用し，少量の不純物を含む結晶から，不純物を取り除く操作
昇華法：固体混合物中の昇華性物質を気体にし，再び固体に戻すことによって物質を分離，精製する操作
クロマトグラフィー：溶媒に溶かした物質がろ紙やシリカゲルなどの吸着剤表面を移動するとき，物質によって移動のしやすさが異なることから，これを利用して，目的とする物質を分離，精製する操作

例題 1　次の (1)～(5) の各物質を，純物質と混合物に分類せよ．

(1) 海水　(2) ドライアイス　(3) 水蒸気
(4) 空気　(5) 塩化水素

解答　純物質：(2)，(3)，(5)
混合物：(1)，(4)
(1) 海水は，水 (H_2O) に塩化ナトリウム ($NaCl$) や塩化マグネシウム ($MgCl_2$)，塩化カリウム (KCl) などの純物質が混合した，混合物である．
(2) ドライアイスは，純物質である二酸化炭素 (CO_2) の固体である．
(3) 水蒸気は，純物質である水 (H_2O) の気体である．
(4) 空気は純物質である窒素 (N_2) や酸素 (O_2) などが混合した混合物である．
(5) 塩化水素は分子式 HCl で表される純物質である．なお塩酸は塩化水素の水溶液を指す．

例題 2　次の (1)～(5) の各物質を，単体と化合物に分類せよ．

(1) 酸素　(2) 黄リン　(3) ドライアイス
(4) 水素　(5) 鉄

解答　単体：(1)，(2)，(4)，(5)
化合物：(3)
(1) 酸素は，分子式 O_2 で表される酸素（元素名）の単体である．
(2) 黄リンは，リン（元素名）の単体で，分子式は P_4 である．
(3) ドライアイスは，二酸化炭素 (CO_2) の固体で，炭素と酸素の 2 種類の元素からできているので化合物である．
(4) 水素は，分子式 H_2 で表される水素（元素名）の単体である．
(5) 物質名としての金属の鉄は，鉄原子のみからなる単体である．

例題 3　硫黄の同素体 3 種類とリンの同素体 2 種類をそれぞれ答えよ．

解答　硫黄の単体：単斜硫黄 (S_8)，斜方硫黄 (S_8)，ゴム状硫黄
リンの単体：黄リン（白リン）(P_4)，赤リン
同素体は 1 種類の元素のみからなる物質で，硫黄では 3 種類ある．これらは結晶構造や分子形状が異なるため，化学的性質が異なる．リンの単体は赤リンと黄リンが有名で，黄リンは分子式 P_4 で表される．赤リンはマッチの材料に使われ，分子構造は明らかになっていない．

例題 4　次の (1)～(5) の各物質のうち，合金をすべて答えよ．

(1) 純銅　(2) ジュラルミン　(3) 白金
(4) 青銅　(5) ニクロム

解答　合金：(2)，(4)，(5)
6 ページ，表 1.4 を参照．(1) の純銅は不純物のない銅のこと．(3) は元素記号 Pt で表される金属単体．

練習問題 1

1.1　次の文章 (a)～(d) に当てはまるもっとも適切な語句を，下の (1)～(5) のなかからそれぞれ 1 つずつ選べ．
(a) 1 種類の単体，もしくは 1 種類の化合物のみから構成される物質
(b) 2 種類以上の単体や化合物が混ざり合ってできている物質
(c) 同じ元素の原子からできている単体で，互いに性質が異なる物質
(d) 2 種類以上の元素の原子が化合してできている純物質
(1) 単体　(2) 化合物　(3) 同素体
(4) 純物質　(5) 混合物

1.2　次の下線部は「元素」，「単体」のどちらの意味で用いられているか．例にならって答えよ．
例：スポーツドリンクには<u>ナトリウム</u>が含有されている．→答：元素

(a) ブドウ糖は，炭素，酸素，水素からなる純物質である．
(b) 過酸化水素水を，触媒を用いて分解すると，水と酸素が生成する．
(c) 人の骨には，カルシウムが含まれている．
(d) 1円玉の素材は純度100％のアルミニウムである．
(e) 市販の漂白剤や洗浄剤の中には，混合すると，人体に有害な塩素を発生するものがある．

1.3 次の同素体に関する表の空欄(a)～(e)に当てはまるもっとも適切なものを，下の(1)～(10)のなかからそれぞれ1つずつ選べ．

元素名	元素記号	同素体名
(a)	C	黒鉛(グラファイト)，(b)，フラーレン(C_{60})
酸素	O	(c)，オゾン(O_3)
硫黄	S	単斜硫黄(S_8)，(d)，ゴム状硫黄
リン	(e)	黄リン(P_4)，赤リン

(1) カルシウム (2) 炭素 (3) シリコン
(4) ダイヤモンド (5) 水素 (6) 酸素
(7) 斜方硫黄 (8) H (9) N (10) P

1.4 次の文章(a)～(f)のように，混合物から成分物質を分離する操作として最も適切なものを，下の(1)～(6)のなかからそれぞれ1つずつ選べ．
(a) 水性ペンに含まれる数種類の色素を分離する．
(b) ゴマ塩の中からゴマを分離する．
(c) 細かく砕いたコーヒー豆に熱湯を注ぎ，味や香りを示す物質を溶け出させる．
(d) 塩化ナトリウム水溶液から水を分離する．
(e) ヨウ素と砂の混合物からヨウ素を取り出す．
(f) 硝酸カリウムと塩化ナトリウムの混合物を熱水に溶かし，ゆっくりと冷却して硝酸カリウムの固体だけを析出させる．
(1) クロマトグラフィー (2) 再結晶
(3) 昇華法 (4) 蒸留 (5) 抽出
(6) ろ過

略解

1.1 (a) (4) (b) (5) (c) (3)
(d) (2)
1.2 (a) 元素 (b) 単体 (c) 元素
(d) 単体 (e) 単体
1.3 (a) (2) (b) (4) (c) (6)
(d) (7) (e) (10)
1.4 (a) (1) (b) (6) (c) (5)
(d) (4) (e) (3) (f) (2)

物質の構成

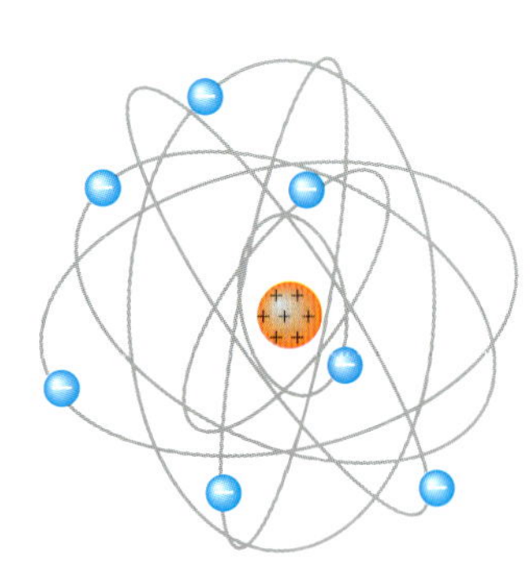

私たちの体も身のまわりの物質も，すべて地球の構成元素からできている．そもそもこの元素はどこから来たのだろう．ビッグバンと呼ばれる大爆発で宇宙が生まれ，星が寿命を終える超新星爆発で飛び散ったガスが集まり，太陽系の惑星が生まれたといわれる．水星，金星，地球，火星などの高密度の惑星群は，ガスが凝縮した微小惑星体がさらに合体してつくられ，太陽から遠い大きな惑星は低密度ガスのままであると予想される．星の中では元素の核融合と，超新星爆発時の巨大なエネルギーが，4000 種程度の原子核をつくっては壊れて消え，現在の地球上には約 280 種の原子核がある．これらの原子核が電子のころもをまとい原子が生まれ，さまざまな種類の元素がつくられた．古代ギリシャ時代より，元素は万物を作り上げている根源の物質と考えられてきた．第 2 章では，物質を構成する元素を原子の成り立ちから詳しく学んでみよう．

凡例：原子番号／元素記号／元素名／英語名／原子量

常温，常圧時の単体の状態：気体：●　液体：▲　固体：無印

典型非金属元素　典型金属元素　遷移金属元素

[原子量] は安定同位体が存在しない元素の質量数の一例．
12 族元素は典型元素に含める場合がある．
原子番号 100－118 の元素の性質は不明な点が多い．

周期＼族	1	2	3	4	5	6	7	8	9	10	11	12	13	14	15	16	17	18	族／周期
1	1 ● H 水素 Hydrogen 1.008																	2 ● He ヘリウム Helium 4.003	1
2	3 Li リチウム Lithium 6.941	4 Be ベリリウム Beryllium 9.012											5 B ホウ素 Boron 10.81	6 C 炭素 Carbon 12.01	7 ● N 窒素 Nitrogen 14.01	8 ● O 酸素 Oxygen 16.00	9 ● F フッ素 Fluorine 19.00	10 ● Ne ネオン Neon 20.18	2
3	11 Na ナトリウム Sodium 22.99	12 Mg マグネシウム Magnesium 24.31											13 Al アルミニウム Aluminium 26.98	14 Si ケイ素 Silicon 28.09	15 P リン Phosphorus 30.97	16 S 硫黄 Sulfur (Sulphur) 32.07	17 ● Cl 塩素 Chlorine 35.45	18 ● Ar アルゴン Argon 39.95	3
4	19 K カリウム Potassium 39.10	20 Ca カルシウム Calcium 40.08	21 Sc スカンジウム Scandium 44.96	22 Ti チタン Titanium 47.87	23 V バナジウム Vanadium 50.94	24 Cr クロム Chromium 52.00	25 Mn マンガン Manganese 54.94	26 Fe 鉄 Iron 55.85	27 Co コバルト Cobalt 58.93	28 Ni ニッケル Nickel 58.69	29 Cu 銅 Copper 63.55	30 Zn 亜鉛 Zinc 65.38	31 Ga ガリウム Gallium 69.72	32 Ge ゲルマニウム Germanium 72.63	33 As ヒ素 Arsenic 74.92	34 Se セレン Selenium 78.97	35 ▲ Br 臭素 Bromine 79.90	36 ● Kr クリプトン Krypton 83.80	4
5	37 Rb ルビジウム Rubidium 85.47	38 Sr ストロンチウム Strontium 87.62	39 Y イットリウム Yttrium 88.91	40 Zr ジルコニウム Zirconium 91.22	41 Nb ニオブ Niobium 92.91	42 Mo モリブデン Molybdenum 95.96	43 Tc テクネチウム Technetium [99]	44 Ru ルテニウム Ruthenium 101.1	45 Rh ロジウム Rhodium 102.9	46 Pd パラジウム Palladium 106.4	47 Ag 銀 Silver 107.9	48 Cd カドミウム Cadmium 112.4	49 In インジウム Indium 114.8	50 Sn スズ Tin 118.7	51 Sb アンチモン Antimony 121.8	52 Te テルル Tellurium 127.6	53 I ヨウ素 Iodine 126.9	54 ● Xe キセノン Xenon 131.3	5
6	55 Cs セシウム Caesium 132.9	56 Ba バリウム Barium 137.3	57～71 ※ ランタノイド Lanthanoid	72 Hf ハフニウム Hafnium 178.5	73 Ta タンタル Tantalum 180.9	74 W タングステン Tungsten 183.8	75 Re レニウム Rhenium 186.2	76 Os オスミウム Osmium 190.2	77 Ir イリジウム Iridium 192.2	78 Pt 白金 Platinum 195.1	79 Au 金 Gold 197.0	80 ▲ Hg 水銀 Mercury 200.6	81 Tl タリウム Thallium 204.4	82 Pb 鉛 Lead 207.2	83 Bi ビスマス Bismuth 209.0	84 Po ポロニウム Polonium [210]	85 At アスタチン Astatine [210]	86 ● Rn ラドン Radon [222]	6
7	87 Fr フランシウム Francium [223]	88 Ra ラジウム Radium [226]	89～103 ※※ アクチノイド Actinoid	104 Rf ラザホージウム Rutherfordium [267]	105 Db ドブニウム Dubnium [268]	106 Sg シーボーギウム Seaborgium [271]	107 Bh ボーリウム Bohrium [272]	108 Hs ハッシウム Hassium [277]	109 Mt マイトネリウム Meitnerium [276]	110 Ds ダームスタチウム Darmstadtium [281]	111 Rg レントゲニウム Roentgenium [280]	112 Cn コペルニシウム Copernicium [285]	113 Nh ニホニウム Nihonium [278]	114 Fl フレロビウム Flerovium [289]	115 Mc モスコビウム Moscovium [289]	116 Lv リバモリウム Livermorium [293]	117 Ts テネシン Tennessine [293]	118 Og オガネソン Oganesson [294]	7

57～71 ※ ランタノイド Lanthanoid	57 La ランタン Lanthanum 138.9	58 Ce セリウム Cerium 140.1	59 Pr プラセオジム Praseodymium 140.9	60 Nd ネオジム Neodymium 144.2	61 Pm プロメチウム Promethium [145]	62 Sm サマリウム Samarium 150.4	63 Eu ユウロピウム Europium 152.0	64 Gd ガドリニウム Gadolinium 157.3	65 Tb テルビウム Terbium 158.9	66 Dy ジスプロシウム Dysprosium 162.5	67 Ho ホルミウム Holmium 164.9	68 Er エルビウム Erbium 167.3	69 Tm ツリウム Thulium 168.9	70 Yb イッテルビウム Ytterbium 173.0	71 Lu ルテチウム Lutetium 175.0	57～71 ※ ランタノイド Lanthanoid
89～103 ※※ アクチノイド Actinoid	89 Ac アクチニウム Actinium [227]	90 Th トリウム Thorium 232.0	91 Pa プロトアクチニウム Protactinium 231.0	92 U ウラン Uranium 238.0	93 Np ネプツニウム Neptunium [237]	94 Pu プルトニウム Plutonium [239]	95 Am アメリシウム Americium [243]	96 Cm キュリウム Curium [247]	97 Bk バークリウム Berkelium [247]	98 Cf カリホルニウム Californium [252]	99 Es アインスタイニウム Einsteinium [252]	100 Fm フェルミウム Fermium [257]	101 Md メンデレビウム Mendelevium [258]	102 No ノーベリウム Nobelium [259]	103 Lr ローレンシウム Lawrencium [262]	89～103 ※※ アクチノイド Actinoid

2.1 原子の構造

原子は，電子をまとった原子核から成り立っている．原子核(atomic nucleus)は，正電荷をもつ**陽子**と電荷をもたない**中性子**から構成され，原子核の種類は陽子と中性子の組み合わせで決定される．陽子と中性子を総称して核子(nucleon)という．超高温，超高圧の星の内部では，正電荷をもつ原子核と負電荷をもつ電子がばらばらになっているプラズマ状態で存在していた．プラズマが冷えていくにつれ，それぞれの原子核が正電荷を中和(陽子数 Z = 電子数)するのに必要な数の電子を捕捉して**原子**(atom)となった．この状態を**中性原子**と呼び，原子核と電子の電荷量の絶対値は等しい(図2.1)．なお，電荷は電気素量 e を単位として ± 1 などと表記する．

捕捉された電子は，原子核の近くから順序よく配置され(第3章)，外側の電子が他の原子の外側の電子と移動しあう性質が原子の**化学的性質**を表す．いいかえれば原子間の電子の挙動が化学反応を起こさせる(第4章)．このように，原子は物質を構成するもっとも基本的な粒子で，各元素の種類に応じてそれぞれ異なった原子が存在する．原子の直径は約 10^{-10} m で，直径約 10^{-14}～

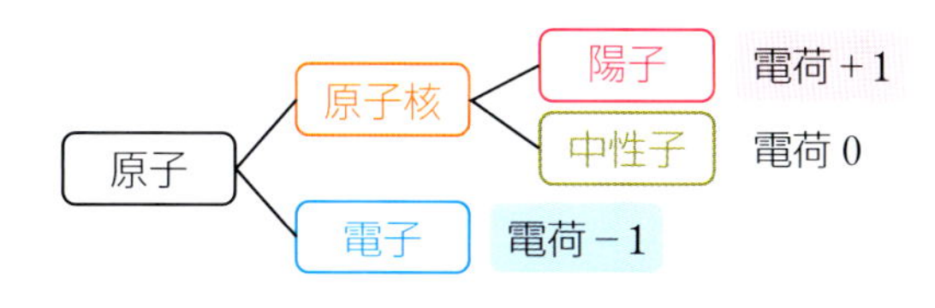

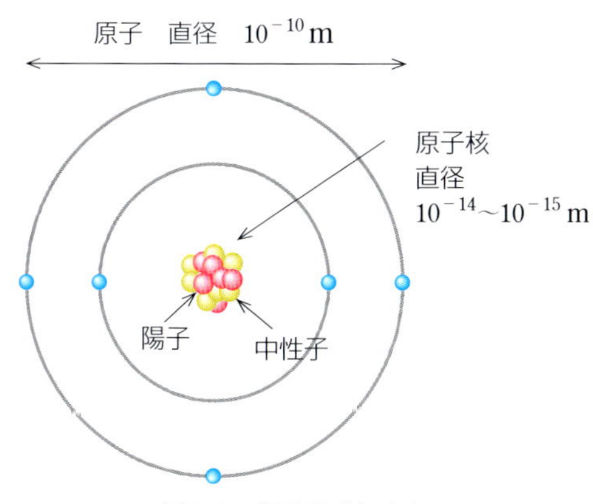

図2.1　原子の成り立ち

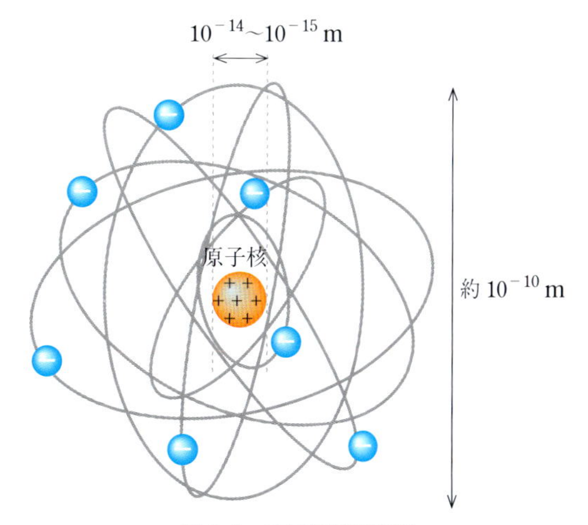

図2.2　原子模型概念図
+の電荷をもつ中心の原子核のまわりを−の電荷を帯びた電子(青丸)が取り巻いて運動している原子模型は，長岡半太郎(日本：1865-1950年)らによって提唱され，ラザフォード(イギリス：1871-1937年)が，実験的に正しいことを1911年に実証した．

表2.1　原子の構成粒子の特徴

構成粒子	電　荷	質量/kg	質量比	性　質
陽子	$+e$ (+1)	1.673×10^{-27}	1840	元素の種類を決める 正電荷をもつ
中性子	0	1.675×10^{-27}	1840	電気的に中性
電子	$-e$ (−1)	9.109×10^{-31}	1	負電荷をもつ 原子の反応性を決める

コラム　素粒子

原子（atom）は，紀元前420年ごろデモクリトスによって提案された「破壊も分割もできない物質の最小の粒子である」というギリシャ語の *atomos* にちなんでいる．その後，1891，1897年に電子が命名，確認され，1919年に陽子が，1932年に中性子が発見されて，原子には成分が存在することがわかった．1940年代から続々と素粒子が見つかり，現在では，陽子も中性子も素粒子（分割できない粒子）ではなくクォーク（quark）という粒子3個から構成されている複合粒子であることがわかっている．陽子や中性子をつくるクォークは，+2/3と −1/3の電荷をもち，陽子は「正電荷2個」+「負電荷1個」のクォーク，中性子は「正電荷1個」+「負電荷2個」のクォークから構成されている．電荷の単位はC（クーロン）で表し，電気素量

$$e = 1.602 \times 10^{-19}\ \mathrm{C}$$

を単位として表記することが多い．

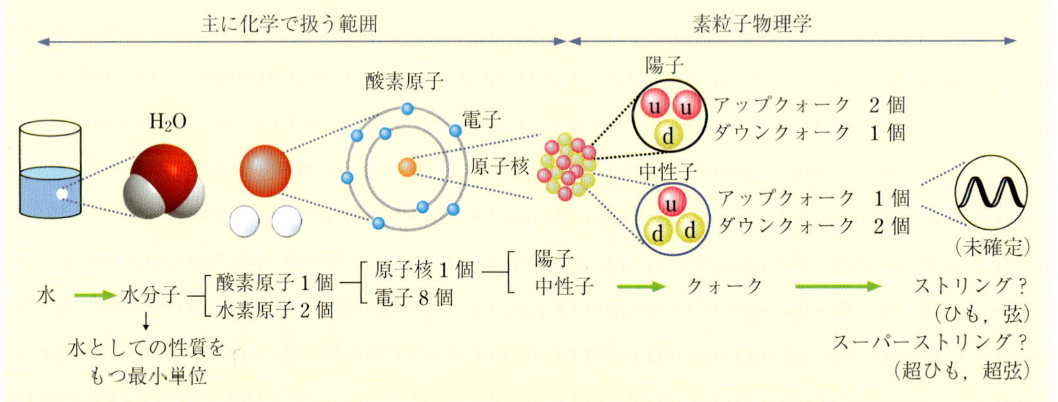

物質を構成する基本素粒子：すべての物質は，6種類のクォークと6種類のレプトンから構成されている[これらの反粒子（電荷などの性質が逆になっている粒子）も含めれば24種類]．

	第1世代	第2世代	第3世代	電荷
クォーク	アップクォーク（u）	チャームクォーク（c）	トップクォーク（t）	+2/3
	ダウンクォーク（d）	ストレンジクォーク（s）	ボトムクォーク（b）	−1/3
レプトン	電子（e）	ミュー粒子（μ）	タウ粒子（τ）	−1
	電子ニュートリノ（ν_e）	ミューニュートリノ（ν_μ）	タウニュートリノ（ν_τ）	0

ゲージ粒子：力を伝達する素粒子（物質の構成要素ではない）．

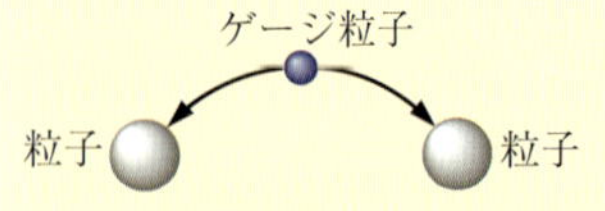

粒子がゲージ粒子をキャッチボールすることによって力が伝わる．

自然界の基本的な4種類の力（相互作用）	相対的な強さ	ゲージ粒子
電磁気力：荷電粒子間に働く，電気，磁気による力	1	フォトン（光子，光の粒の意味）
強い力：クォーク，陽子，中性子などが引きつけ合う力	10^2 倍	グルーオン（糊の粒の意味）
弱い力：原子核のベータ崩壊，ミュー粒子崩壊などで働く力	10^{-3} 倍	ウィークボソン（弱いボース粒子，ボースは科学者の名前）
重　力：質量をもつ物体間に働く万有引力	10^{-38} 倍	グラビトン（重力子，重力の粒の意味）

ヒッグス粒子：質量を生み出す素粒子．

10^{-15} m の原子核と，非常に小さな電子から構成され，電子は原子核との間にはたらく静電気力で互いに引き合い，原子核のまわりを回っている（図 2.2）．電子のもつ電気量は電気素量を $e = 1.602 \times 10^{-19}$ C として $-e$ であるが，e を単位として，-1 と表すことが多い（表 2.1）．

原子の構成粒子のうち，陽子 1 個と中性子 1 個の質量はほぼ等しく，電子 1 個の約 1840 倍である．したがって，原子の質量は原子核の質量と見なすことができ，さらに原子核を構成する陽子と中性子の数に比例するといえる．

2.2 原子の表し方

地球上で存在，確認できる原子には，整数の**原子番号**が付けられている．原子番号は，原子核中の陽子数として定義され，元素には独自の名前が付けられている．陽子（proton）の数を Z（P とも表記される），中性子（neutron）の数を N として，陽子数 Z，中性子数 N の 2 つの和を A と書き，$A = Z + N$ は原子核の**質量数**（mass number）を表す．原子の種類は「原子番号」=「陽子数」で決まり，電気的に中性な原子の場合は，原子番号 = 陽子数 = 電子数となる．

必要に応じて元素記号に質量数や原子番号を書き添える場合は，質量数は元素記号の左上に，原子番号は元素記号の左下に，それぞれ添字で書く決まりになっている．たとえば，図 2.3 の酸素原子（O）の質量数は 16 で，原子番号は 8 である．また，この酸素原子は，原子核に 8 個の陽子と 8 個の中性子を有し，原子核の正電荷を中和する 8 個の電子をもつことがわかる．

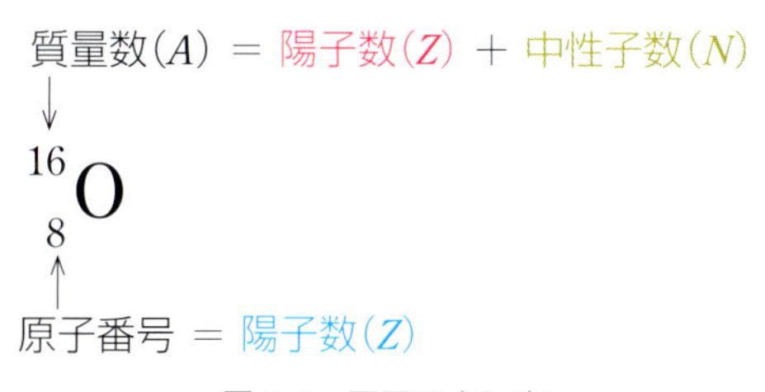

図 2.3　原子の表し方

2.3 同位体

超新星が爆発したとき，4000 種程度の原子核ができては壊れ，約 280 種程度に落ち着いた．周期表には 280 種類の元素など記載されていないのに，なぜだろうと疑問がわいたことだろう．多くの元素には，原子番号が同じでも質量数が異なる原子がいくつか存在する（表 2.2）．たとえば，炭素には質量数が 12, 13, 14 の原子があり，これらを互いに**同位体**（isotope：アイソトープ）と呼ぶ．^{12}C，^{13}C，^{14}C の 3 種類の炭素原子は，陽子数が同じであるので（陽子数が 6 の原子が炭素となるからである），中性子数が異なることがわかる．自然界における同位体の存在比から，その元素の平均原子量が計算できる（第 5 章）．周期表の原子量は，同位体の存在比から求められている．多くの同位体は，化学的性質が似ているが，質量が異なるため物理的性質に違いがみられる．

原子が安定に存在できる理由は，原子核を構成している中性子数 N と陽子数 Z のバランスに関係する．なかでも ^{56}Fe（$Z = 26$）は，もっとも安定な原子とされる．Z に比べて N が多すぎると，

表 2.2　天然に存在する身近な元素の同位体

記号	名　称	天然存在比（%）	記号	名　称	天然存在比（%）	記号	名　称	天然存在比（%）
$^{1}_{1}$H	水素	99.9885	$^{12}_{6}$C	炭素-12	98.93	$^{27}_{13}$Al	アルミニウム-27	100
$^{2}_{1}$H (D)	重水素，ジューテリウム	0.0115	$^{13}_{6}$C	炭素-13	1.07	$^{31}_{15}$P	リン-31	100
$^{3}_{1}$H (T)	三重水素，トリチウム	極微量（無視できる程度）	$^{14}_{7}$N	窒素-14	99.636	$^{35}_{17}$Cl	塩素-35	75.76
水素の同位体は，質量，化学的性質が大きく異なるので，別の名前や表記で区別することも多い．			$^{15}_{7}$N	窒素-15	0.364	$^{37}_{17}$Cl	塩素-37	24.24
$^{3}_{2}$He	ヘリウム-3	0.00013	$^{16}_{8}$O	酸素-16	99.757	$^{36}_{18}$Ar	アルゴン-36	0.3336
$^{4}_{2}$He	ヘリウム-4	99.99987	$^{17}_{8}$O	酸素-17	0.038	$^{38}_{18}$Ar	アルゴン-38	0.0629
$^{6}_{3}$Li	リチウム-6	7.59	$^{18}_{8}$O	酸素-18	0.205	$^{40}_{18}$Ar	アルゴン-40	99.604
$^{7}_{3}$Li	リチウム-7	92.41	$^{19}_{9}$F	フッ素-19	100	$^{39}_{19}$K	カリウム-39	93.2581
$^{9}_{4}$Be	ベリリウム-9	100	$^{20}_{10}$Ne	ネオン-20	90.48	$^{40}_{19}$K	カリウム-40	0.0117
$^{10}_{5}$B	ホウ素-10	19.9	$^{21}_{10}$Ne	ネオン-21	0.27	$^{41}_{19}$K	カリウム-41	6.7302
$^{11}_{5}$B	ホウ素-11	80.1	$^{22}_{10}$Ne	ネオン-22	9.25	$^{234}_{92}$U	ウラン-234	0.0054
			$^{23}_{11}$Na	ナトリウム-23	100	$^{235}_{92}$U	ウラン-235	0.720
			$^{24}_{12}$Mg	マグネシウム-24	78.99	$^{238}_{92}$U	ウラン-238	99.2742
			$^{25}_{12}$Mg	マグネシウム-25	10.00			
			$^{26}_{12}$Mg	マグネシウム-26	11.01			

かえって不安定になるため原子核は余分なエネルギーを放射線（α 線，β 線，γ 線）の形で放出して壊れ（壊変），安定な同位体（安定同位体）に変わろうとする傾向がある．このような同位体を**放射性同位体**（radioisotope）と呼ぶ（α 線の実体はヘリウム-4 の原子核（$^{4}_{2}He^{2+}$），β 線は電子の流れ，γ 線は非常に大きなエネルギーをもつ電磁波である）．たとえば，他の元素が α 崩壊して生成した He は，非常に軽いので生まれるとすぐに宇宙に逃げ出していってしまう．すなわち，地球上の He の存在量は，別の元素の壊変による生成量と消失量のバランスがつりあっていることを意味する．このように天然には，他の元素の壊変によって生まれてくる元素が多く存在する．

原子番号 92 のウラン（U）までの一部の放射性同位体には，壊変が非常に遅いため，ほぼ安定に天然に存在する放射性同位体もある一方，原子番号 43 のテクネチウム（Tc）のようにすぐに壊変してしまって天然に安定的に存在できないものもある．中性子と陽子数比が 1.6 倍程度の同位体は，比較的安定である．たとえば，天然に存在できる一番重い ^{238}U の**半減期**は 45 億年（表 2.3），

表 2.3　さまざまな核種の半減期

核種		半減期
クリプトン-90	^{90}Kr	32.3 秒
キセノン-138	^{138}Xe	14.1 分
フッ素-18	^{18}F	109.8 分
ラドン-222	^{222}Rn	3.8 日
ヨウ素-131	^{131}I	8.04 日
ポロニウム-210	^{210}Po	138.4 日
コバルト-60	^{60}Co	5.27 年
三重水素（トリチウム）	^{3}H	12.3 年
ストロンチウム-90	^{90}Sr	28.8 年
セシウム-137	^{137}Cs	30.0 年
ラジウム-226	^{226}Ra	1600 年
プルトニウム-239	^{239}Pu	2.4 万年
カリウム-40	^{40}K	13 億年
ウラン-238	^{238}U	45 億年

N/Z 比は約 1.59 である．表 2.2 の ^{40}K は，^{40}Ar または ^{40}Ca に変化する．半減期は約 13 億年である（半減期は当初の半分の量になるまでの時間であり，^{40}K は 13 億年が経過すると，量が当初の半分になる）．^{40}K の放射性崩壊では，β^- 崩壊により約 89 % 程度が ^{40}Ca となり，約 11 % が電子捕獲して γ 線を放出しながら ^{40}Ar に変化する．極わずか（約 0.001 % 程度）ではあるが，β^+ 崩壊して e^+（陽電子）を放出し，^{40}Ar を生じる崩壊も存在する．

$$^{40}_{19}\mathrm{K} \xrightarrow{\beta^- \text{崩壊}} {}^{40}_{20}\mathrm{Ca} + e^- + \bar{\nu}_e$$

$$^{40}_{19}\mathrm{K} \xrightarrow{\text{電子捕獲}\ (+e^-)} {}^{40}_{18}\mathrm{Ar} + \gamma$$

$$^{40}_{19}\mathrm{K} \xrightarrow{\beta^+ \text{崩壊}} {}^{40}_{18}\mathrm{Ar} + e^+ + \nu_e$$

（$\bar{\nu}_e$：反電子ニュートリノ，ν_e：電子ニュートリノ，e^+：陽電子．質量は電子と同じであるが，電荷が逆符号の正電荷の反粒子．寿命が非常に短く，陽電子は電子と衝突すると 2 本〜数本の γ 線を放出して対消滅する．この性質を利用して，固体の構造欠陥解析や医療診断などにも実用化されている．）

地球の年齢が約 46 億歳であるとわかったのは，岩石中の ^{40}K と ^{40}Ar の存在比率を測定した結果である．現在では，ほかにも天然に存在する放射性同位体測定から，岩石や遺跡などの年代推定や動植物中の物質移動に関する知見が得られ，環境追跡，医療分野など多方面への活用が行われている．

コラム　半減期

ウランの原子核は放っておくと勝手に放射線を出して，まったく別の原子核に変化する．このようにある核種の原子核が放射線を出して別の核種に変化することを壊変という．また，放射線を出す性質（放射能）をもつ元素を放射性元素，核種の場合は放射性核種，同位体であれば放射性同位体という．

どの原子核がどのタイミングで壊変するかは特定できない．しかし，複数個存在する原子核の全体として傾向はわかり，時間の経過に伴い，原子核数は減少していく．数が半分になるまでに経過する時間のことを半減期 $t_{1/2}$ という．半減期の大きさが核種の安定性を表している．

原子核の壊変は時間経過に比例して直線的に減少するのではない．半減期分の時間が経過すると，もともとの数の半分になる．さらに半減期分の時間経過があると，さらに半分，もともとの数からすると 4 分の 1 になる．さらにさらに半減期分の時間経過があると半減し，もともとの数の 8 分の 1 になる．

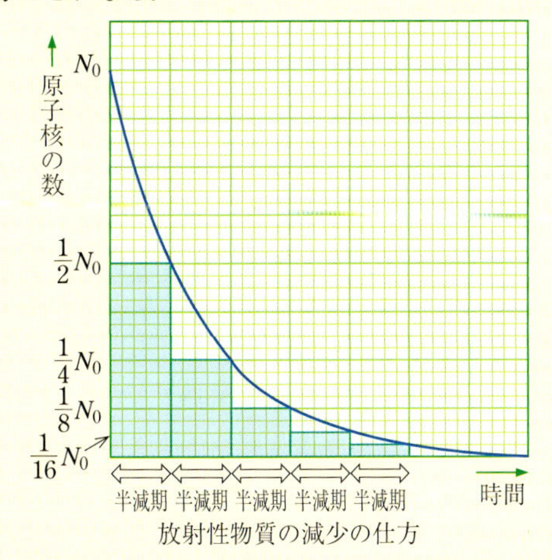

放射性物質の減少の仕方

壊変前の原子核の数を N_0，時間 t が経過後の原子核の数を N とする．崩壊速度 v はその瞬間での原子核の存在数に比例する．これを式で表すと，

$$v = -\frac{dN}{dt} = kN$$

この k は比例定数で，崩壊定数という．積分して

$$N = N_0 e^{-kt} \quad したがって，\ln\frac{N}{N_0} = -kt$$

半減期 $t_{1/2}$ の時間経過後，原子核数は $\frac{1}{2}N_0$ なので（ln は底が e の自然対数），

$$\ln\frac{N}{N_0} = \ln\frac{\frac{1}{2}N_0}{N_0} = \ln\frac{1}{2} = \ln 1 - \ln 2$$
$$= 0 - \ln 2 = -\ln 2 = -kt_{1/2}$$

よって，半減期 $t_{1/2}$ と崩壊定数 k の関係は，

$$t_{1/2} = \frac{\ln 2}{k} = \frac{0.693}{k}$$

では，$t_{1/2} = 14.3$ 日の ^{32}P が，初期量の 10^{-4} になるのは何日後か，考えてみよう．半減期を1回迎える（半減期の時間経過がある）と，残留している原子数は，スタート時点の数 N_0 の半分，すなわち $\frac{1}{2}N_0$ になる．さらに半減期分の時間経過後，$\frac{1}{2}N_0$ の半分 $\left(\frac{1}{2}\right)^2 N_0$ になる．はじめからだと半減期が2回過ぎ，残留している原子数が N_0 の $\frac{1}{2}$ の2乗になっている．さらに，半減期分の時間経過後，$\left(\frac{1}{2}\right)^2 N_0$ の半分 $\left(\frac{1}{2}\right)^3 N_0$ になる．最初から数えて半減期が3回過ぎ，残留原子数が N_0 の $\frac{1}{2}$ の3乗になる．ということは，半減期が n 回経過すると，もともとあった原子数の $\frac{1}{2}$ の n 乗，$\left(\frac{1}{2}\right)^n N_0$ である．

さて，半減期 n 回分の時間が経過したとき，初期値の 10^{-4} になるので，$\left(\frac{1}{2}\right)^n = 10^{-4}$ となる．これを解くため，まず，この両辺について常用対数（底を10とした対数）をとる．

$$\log\left(\frac{1}{2}\right)^n = \log(10^{-4})$$
$$n(\log 1 - \log 2) = -4\log 10$$
$$n(0 - \log 2) = -4 \times 1$$
$$n = \frac{-4}{-\log 2} = 13.2877$$

半減期 $t_{1/2} = 14.3$ 日を13.2877回迎えるのは，$13.2877 \times 14.3 = 190.01$，190日後である．

コラム　年代測定の計算

^{14}C の大気中での割合はどの時代でもほぼ一定であると考えられる．植物は光合成によって大気中の ^{14}C と同じ割合で炭素を取り込み，植物の死により炭素の取り込みが終了する．それと同時に ^{14}C が β 崩壊を始め，^{14}C の割合が減少し続ける．^{14}C の半減期は5730年（5730 y）である．

たとえば，ある遺跡の出土木片中の ^{14}C（$t_{1/2} = 5730$ y）の相対存在量は現在の木材の1/10であったならば，この木片は何年前に伐採されたのだろうか．

まず崩壊定数 k を求める．崩壊定数と半減期の関係から，両辺の自然対数（底を e とする対数）をとる．

$$t_{1/2} = \frac{\ln 2}{k} = \frac{0.693}{k}$$
$$k = \frac{\ln 2}{t_{1/2}} = \frac{0.693}{5730\ \mathrm{y}} = 1.2096 \times 10^{-4}\ \mathrm{y}^{-1}$$

経過時間 t は，

$$\ln\frac{N}{N_0} = -kt$$
$$t = -\frac{1}{k}\ln\frac{N}{N_0}$$
$$= -\frac{1}{1.2096 \times 10^{-4}\ \mathrm{y}^{-1}}\ln\frac{1}{10} = 1.9034 \times 10^4\ \mathrm{y}$$

よって，約19000年前の木片である．

2.4 周期表

2.4.1 元素から周期表までの変遷

紀元前（B.C.）の古代ギリシャ哲学では，万物はある根源の物質からつくられると考えられ，元素はその具体的な物質を意味していた．近代科学のルーツは，古代ギリシャの哲学者が論じた古代の原子論にあるといわれている．タレス（B.C. 7 世紀）は，すべての物質はただ 1 つの「元素」水よりできていると説き，B.C. 5 世紀には，物質は原子（atom）というこれ以上分割できない粒子と真空状態の空虚からできているとデモクリトスが提唱した．続いて B.C. 4 世紀になってすべてのものは，「火，水，空気，土」の四元素からなると，当時大きな名声と権力を有していたアリストテレスが唱えると，古代から中世になるまでの長い期間にわたりデモクリトスの原子説は，肯定されることがなかった．B.C. 1 世紀に入ると，錬金術が始まり，1500 年代に至るまでの錬金術の時代には，師が特定の弟子にだけ秘密の伝承をするために特殊な記号を用いて元素の作用を示していた．その後，近世に入ってフランスのデカルトやドイツのライプニッツ，イギリスのニュートンらが原子論的な物質観思想を展開し，18 世紀には，ラボアジエ，シャルルらによって思想だけでなく実験によるさまざまな法則の証明が試みられた．19 世紀を迎えるころ，化学反応に関する原子の役割をドルトンが展開し，ようやく原子論が復活したのである．

西暦 1700 年までに 14 種の元素が知られていたが，あらたに 1800～1810 年の 11 年間に 14 種の元素が，さらに 1830 年までに 17 種の元素が発見された．ドイツの化学者デベライナーは，① 塩素，臭素，ヨウ素，② カルシウム，ストロンチウム，バリウム，③ 硫黄，セレン，テルル，の 3 つ組のグループが元素間の関連性，規則性を示すことに最初に注目し，その観察結果を発表した．1864 年には，イギリスの化学者ニューランズによって，既知の元素を 7 種ごとに原子量の増加順に縦列に並べるオクターブ則（law of octaves）が提唱された．1869 年，ロシアの化学者メンデレーエフが元素の化学的性質を優先して縦の列に配置する族（group）と，原子量が増加する順に横に並べる周期（period）を確立し，未知の元素の存在も示唆した周期表を発表した．その後，イギリスの物理学者モーズリーが，既知元素の原子の核電荷の測定実験から，元素は原子量より原子番号，すなわち原子核中の陽子数順に並べるべきであると訂正した．この研究結果をもとに，元素の化学的性質が原子番号の周期的関数であるという周期律（periodic law）の理論が導かれていくのである（第 3 章）．

2.4.2 周期表が示すもの

周期表は非常に奥深い内容を含んでいる．1 枚の周期表から得られる情報の多さは，化学を学ぶ者にとって計り知れない価値を生み出す．先人たちがわれわれ子孫に残してくれた，宝物の 1 つである．

元素を原子番号（陽子数）の順に並べると，単体の融点や沸点，生じる単原子イオンの価数，イオン化エネルギーなど，性質の似かよった元素が周期的に現れる．この元素の性質が規則性をもって周期的に変化することを**元素の周期律**という．周期律は原子番号の増加に伴って，原子の価電子数が周期的に変化するためである（第3章）．周期律に従って，元素を原子番号順に並べ，性質の類似した元素が同じ縦の列になるように配列した表を**元素の周期表**という（前見返しの周期表を参照）．以下では周期表を概観する．ただし，性質等が未解明な原子番号100〜118の元素は除外しておく．

① 周期表の分類（特別な固有の名称）

図2.4に周期表の概要を示す．周期表の横の行を**周期**，縦の列を**族**という．

同じ族に属する元素は**同族元素**といい，特別な固有の名称で呼ばれるものもある．

現在の周期表は第1〜7周期の7つの周期と，1〜18族の18の族で構成されている．周期表の両端にあたる1,2,13〜18族は同族元素どうしで，化学的性質が類似しており**典型元素**と呼ばれる．典型元素は単体の性質に応じて金属元素と非金属元素に分類される．金属元素の単体は特有の光沢をもち，電気や熱の伝導性がよい（第4章）．金属元素の原子は，一般に価電子の数が少なく，価電子を放出して陽イオンになりやすい（陽性が強い，図2.5）．

特に1,2族は強い陽性の元素で，**アルカリ金属**（水素を除く1族）は1価の陽イオンになりやすく，単体は非常に反応性に富む軽金属である．**アルカリ土類金属**（2族．ベリリウム，マグネシウムを除くことがある．）は2価の陽イオンになりやすく，その単体はアルカリ金属に次いで反応性に富む．

一方，金属元素以外の非金属元素の単体は常温で固体や気体のものが多く，電気や熱を導きにくい．非金属元素の原子は価電子の数が多く，貴ガスを除くと，他の原子から電子を取り込んで陰イ

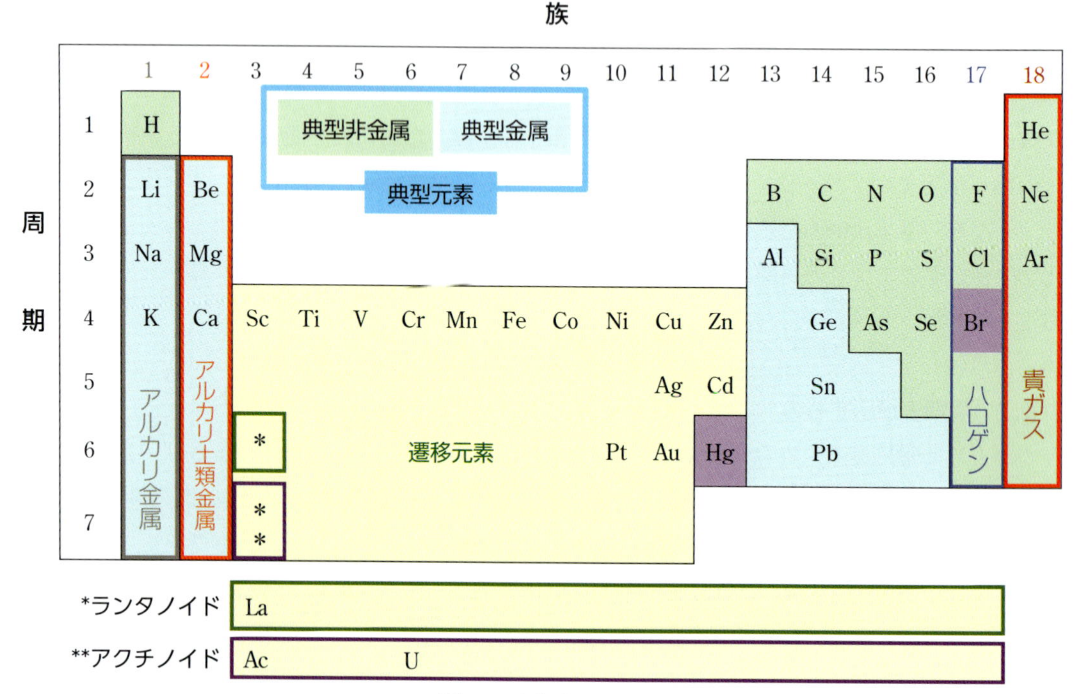

図2.4　周期表の概要

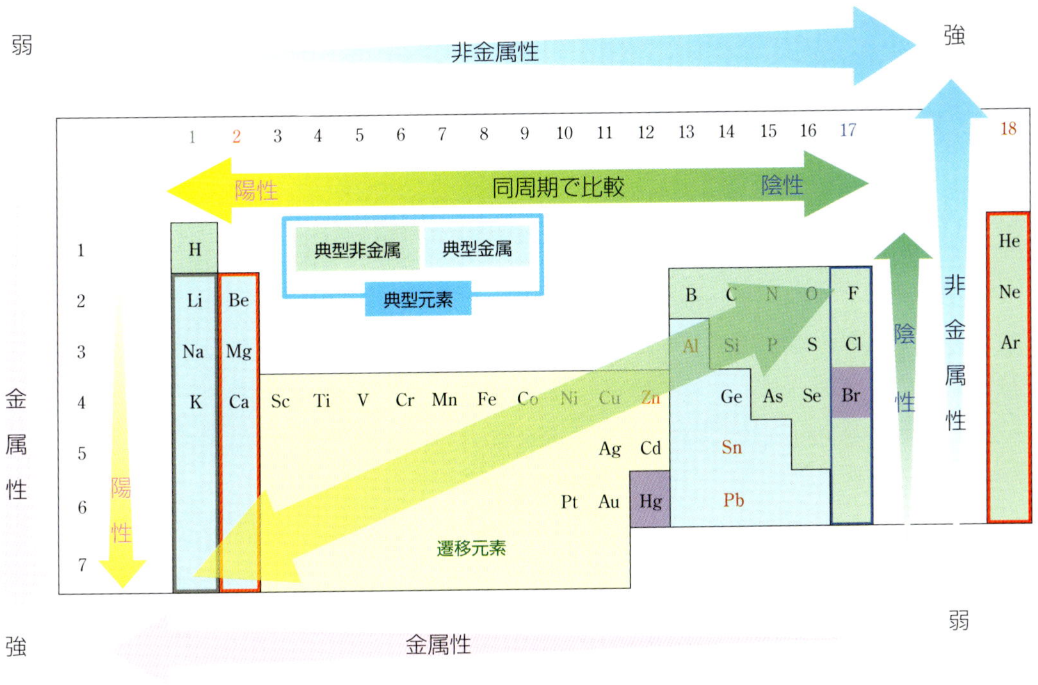

図 2.5　周期表における元素の性状の強弱

オンになる傾向が大きい（陰性が強い）．非金属元素はすべて典型元素である．

ハロゲン（17 族）は，陰性の強い元素であり，1 価の陰イオンになりやすく，単体は非常に反応性に富む．

貴ガス（18 族．希ガス，不活性ガスとも呼ばれる）は，融点や沸点が低く，いずれも常温で気体である．単独の原子のまま非常に安定で（電子配置に起因する．第 3 章），ごく一部の例外を除いて化合物やイオンになることはない．

周期表では，金属元素は左下へいくほど陽性が強く，非金属元素は右上にいくほど陰性が強くなる．また，元素の金属性は，同族の元素間では原子番号が大きいほど強く，同じ周期の元素では，原子番号が小さいほど強くなる．このような性質のなかで，金属性と非金属性の両方の性質を合わせもつ元素が存在する．13 族から 16 族への境界線の付近にある元素の単体・酸化物・水酸化物などは，酸，アルカリのいずれとも反応する性質を示し，**両性物質**と呼ばれる．Al（アルミニウム），Zn（亜鉛），Sn（スズ），Pb（鉛）の単体が代表的な両性物質としてよく知られている．

3～12 族は**遷移元素**という（12 族を典型元素に含める場合もある）．遷移元素はすべて金属元素である（遷移という名称は，周期表の左側と右側の典型元素をつなぐという意味で使われた）．遷移元素は同一周期の隣り合う元素同士で化学的性質が類似しており，典型元素と比べ，電子の配置が複雑で規則性が低くその振る舞いは予想しにくいものとなる．遷移元素の単体は，融点が高く硬度も大きい．Sc（スカンジウム），Ti（チタン）以外は，密度が 4 g cm^{-3} 以上ある重金属である．Fe（鉄），Cu（銅），Co（コバルト），Ni（ニッケル）など，身近で工業的にも重要な元素が多い．

② 電子の配置と周期性

周期表には ① で述べてきたような分類の他にもさまざまなことが示される．

それぞれの元素を構成している原子核とつりあう電子たち（第 3 章）の配置，各原子の原子半径，電子の失いやすさやくっつきやすさ（第 4 章）など，原子核がまとっている電子の振る舞いにより周期的な現象が示される．どんな振る舞いがあるのだろう．詳しくは第 3 章で学ぶことになるが，ここでは私たちに身近な物質を例にしてその動きをみてみよう．

地球の大部分を占める海水に溶けている物質の主要成分は，Na と Cl がイオン化した Na^+ と Cl^- である．Na は，陽性の強い**アルカリ金属**（水素を除く 1 族）である．Cl は陰性の強いハロゲン（17 族）である．図 2.5 に示されるように，周期表の左側にある陽性の強い金属原子と右側（17 族まで）の陰性の強い非金属原子間では，たやすく電子がやり取りされて Na^+Cl^- のようなイオン結合をつくりやすい．

このときに生成した Na^+ と Cl^- は，それぞれ安定な 18 族の貴ガスの原子 Ne（ネオン）と Ar（アルゴン）と同じ電子配置となる．Na のような陽性の強い中性原子から電子を 1 個奪いとると，陽イオンと呼ばれる正電荷を帯びた粒子が残る．陽イオン（cation，カチオン）は，1 個以上の電子

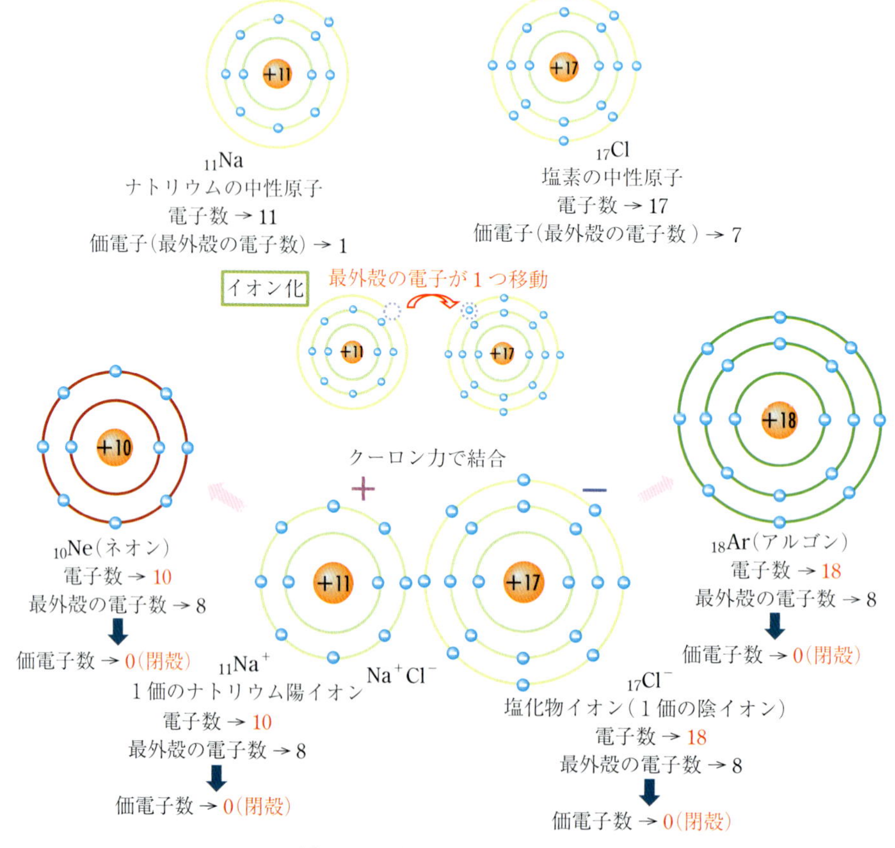

図 2.6 イオンの生成と電子配置

を失った原子（または原子団）である．すなわち，Na のような陽性の強い原子は，電子を放出して陽イオンの Na^+ になり，陰性の強い Cl 原子は，電子を取り入れて陰イオン（anion，アニオン，1 個以上の電子を獲得した原子または原子団）の Cl^- となって安定な Ar と同じ電子配置になる．このように，中性原子から電子を取り去る，または取り入れることを**イオン化**といい，生じた Na^+ と Cl^- は，陽イオンと陰イオン間に働く**静電気力**（クーロン力）で強く結びつく（図 2.6）．原子（または原子団）が，放出または受け取った電子の数を，イオンの**価数**という．たとえば，Na^+ は 1 価の陽イオン，S^{2-} は 2 価の陰イオンである．

Na の中性原子がイオン化されたときの式は，電子を e^- で表して，次のように示される．

$$Na \longrightarrow Na^+ + e^- \qquad \text{第一イオン化エネルギー：498 kJ mol}^{-1}$$

もはや中性ではなく，Na^+ は正電荷の陽子に対して負電荷の電子が 1 個少なくなったのである．電子を 1 個取り去るのに要したエネルギーを**イオン化エネルギー**（第一イオン化エネルギー，単位は kJ mol^{-1}）という．さらに 1 価の陽イオンから電子をもう 1 個取り去るために必要なエネルギーは，第二イオン化エネルギーという．電子が原子核から遠くに離れるほど原子核の正電荷（陽子）による引力は小さくなるので，電子を引き抜くのに要するエネルギーは少なくなる．そのため，周期表の左側の原子は，周期が上から下に行くにつれて陽性が強くなる傾向がある．同一周期では，イオン化のエネルギーは左から右につれて増大する．同一周期のなかでは，原子番号が増えると正電荷の陽子が増加し，原子核が強く同一周期内の最外殻電子を引っ張るので，原子の半径が小さくなるからである（図 2.7）．

一方，Cl のように原子が電子をさらにもう 1 個取り込むときに放出されるエネルギーを**電子親和力**と呼ぶ．たとえば，

$$Cl + e^- \longrightarrow Cl^-$$

のように，中性の塩素原子が電子を取り込んで負電荷を帯びた Cl^-（塩化物イオン）になるときに，エネルギーの放出が起こる．このとき，Cl 原子が出すエネルギー量が電子親和力である．電子親和力は，原子核と電子間の引力に依存した量である．そのため，同一の周期内で電子親和力は，周

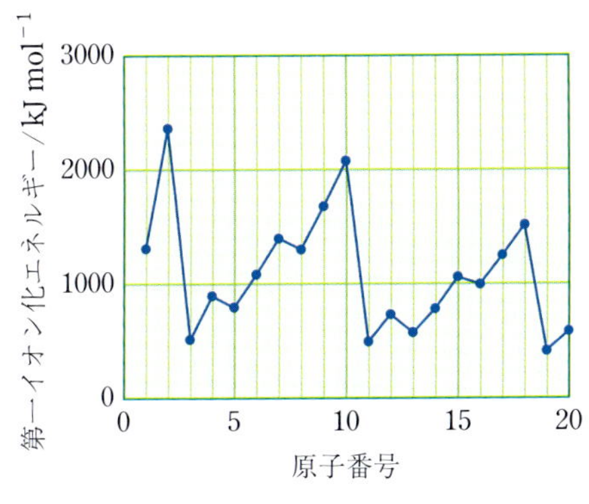

図 2.7　原子のイオン化エネルギー

表 2.4　ハロゲン（17 族）の電子親和力

名称	元素	電子親和力（eV）
フッ素	F	3.6
塩素	Cl	3.75
臭素	Br	3.53
ヨウ素	I	3.2

eV（電子ボルト）はエネルギー単位で
1 eV = 96.5 kJ mol^{-1}

期表を左から右へ行くにつれて増大していく傾向がある（陰性が強くなる）．同一の族では，下に行くにつれて電子親和力は減少する．原子核から最外殻の電子が離れるほど，原子核の引力は弱くなることを意味している．もっとも陰性の強いハロゲン（17族）の電子親和力は，Cl がもっとも高く，F（フッ素），Br（臭素），I（ヨウ素）の順となる（表 2.4）．

③ 単原子イオンと多原子イオン

周期表の性質を学び，原子が電子を出したり受け取ったりして，正または負の電荷をもって互いにクーロン力で安定化する**イオン**になることを学習してきた．化学者は，長い年月をかけて多くの物質に関する研究をしているうちに，特に自然界には，Na^+ や Cl^- のような単原子イオンだけでなく共有結合（詳しくは，第 4 章で解説）で結合した電荷をもっている原子団が存在することに気づいた．多くの原子でできたイオン（電荷をもつ物質）であったので**多原子イオン**（polyatomic ion : poly-は，ギリシャ語の“多い”に由来している）と呼ばれ，共有結合によって結合した原子団で電荷を有するものを指す（表 2.5）．

なぜ，単原子イオンと多原子イオンが存在するのだろうか．原子が電子の授受をした瞬間の各イオンの電気的な強さの違いによる（詳細は，第 3 章と第 4 章）．多原子イオンは，植物，鉱物，人間，環境中などで広く見出される．独立したイオンのように考えがちであるが，常に化合物の一部として存在していることに注意しよう．たとえば，表 2.5 中の硝酸イオン（NO_3^-）やリン酸イオ

表 2.5　イオンの名称とイオン式
（2 種類以上のイオンがある場合は，（II）のようにローマ数字で価数を明示する）

陽イオン		
価数	名称	イオン式
1	水素イオン	H^+
	リチウムイオン	Li^+
	ナトリウムイオン	Na^+
	カリウムイオン	K^+
	銅（I）イオン	Cu^+
	銀イオン	Ag^+
	アンモニウムイオン	NH_4^+
	オキソニウムイオン	H_3O^+
2	マグネシウムイオン	Mg^{2+}
	カルシウムイオン	Ca^{2+}
	バリウムイオン	Ba^{2+}
	亜鉛イオン	Zn^{2+}
	スズ（II）イオン	Sn^{2+}
	銅（II）イオン	Cu^{2+}
	鉄（II）イオン	Fe^{2+}
3	アルミニウムイオン	Al^{3+}
	鉄（III）イオン	Fe^{3+}

陰イオン		
価数	名称	イオン式
1	フッ化物イオン	F^-
	塩化物イオン	Cl^-
	臭化物イオン	Br^-
	ヨウ化物イオン	I^-
	水酸化物イオン	OH^-
	硝酸イオン	NO_3^-
	炭酸水素イオン	HCO_3^-
	過マンガン酸イオン	MnO_4^-
	酢酸イオン	CH_3COO^-
2	酸化物イオン	O^{2-}
	硫化物イオン	S^{2-}
	硫酸イオン	SO_4^{2-}
	炭酸イオン	CO_3^{2-}
	クロム酸イオン	CrO_4^{2-}
	二クロム酸イオン	$Cr_2O_7^{2-}$
3	リン酸イオン	PO_4^{3-}

ン(PO_4^{3-})などは，これらの多原子イオンだけを単離して集めることはできないが，化学肥料やマッチに用いられる硝酸カリウム(KNO_3)やリチウムイオン電池などに活用されるリン酸鉄リチウム($LiFePO_4$)，生体系ではリン酸エステル体として，ATP や RNA などの部分構造として，生体分子の高次構造や機能に直結する重要な役割を担っている．

2.5 物質の表し方：化学式

原子がいくつか集まってさまざまな物質ができ上がる．これらの物質を構成する原子の種類や割合を，元素記号を用いて表したものを**化学式**という．化学式には物質の種類や表したい目的によっていろいろなものが使われる．化学式には次のようなものがある．

① 分子式—分子(2 個以上の原子が共有結合してできた化合物)や，さまざまな分子からできている物質を表し，1 分子中に存在する各元素の元素記号と原子数をすべて示す式．

例　H_2O，CO_2，分子量が 180 で CH_2O の実験式(実験で得られた組成式)をもつ物質の分子式 → $C_6H_{12}O_6$

② 構造式—分子内の原子の結合状態などを知ることができる式(第 4 章)．

③ イオン式—イオンを表す式．　例　Na^+，Ca^{2+}，F^-，NH_4^+，SO_4^{2-}．

④ 組成式—化合物の元素組成を最も簡単な整数比で表した式．イオンからなる物質(表 2.6)，金属，共有結合結晶など，分子をつくらない物質(第 4 章で解説)で用いられる．

これらの化学式で表される物質には，世界共通の呼び方や表し方がある．科学者の国際学術機関・国際科学会議(International Scientific Unions)のひとつである，IUPAC(1919 年に設立，国際純正および応用化学連合：International Union of Pure and Applied Chemistry)の総会で決定されている．

④の組成式を表 2.5 のイオンからつくることを中心に，化学式に関する重要な規則をいくつかまとめておく．

(1) 陽イオンを先に，陰イオンを後に書く(化合物が金属と非金属を含んでいるときは，金属を

表 2.6　イオンからなる物質の例

陽イオン／陰イオン	Na^+ ナトリウムイオン	NH_4^+ アンモニウムイオン	Ca^{2+} カルシウムイオン	Al^{3+} アルミニウムイオン
Cl^- 塩化物イオン	$NaCl$ 塩化ナトリウム	NH_4Cl 塩化アンモニウム	$CaCl_2$ 塩化カルシウム	$AlCl_3$ 塩化アルミニウム
O^{2-} 酸化物イオン	Na_2O 酸化ナトリウム	—	CaO 酸化カルシウム	Al_2O_3 酸化アルミニウム
OH^- 水酸化物イオン	$NaOH$ 水酸化ナトリウム	—	$Ca(OH)_2$ 水酸化カルシウム	$Al(OH)_3$ 水酸化アルミニウム
SO_4^{2-} 硫酸イオン	Na_2SO_4 硫酸ナトリウム	$(NH_4)_2SO_4$ 硫酸アンモニウム	$CaSO_4$ 硫酸カルシウム	$Al_2(SO_4)_3$ 硫酸アルミニウム

最初に書く).

(2) 呼び方は，後ろのイオンから読む．イオン性の化合物では，化合物の名称は両方のイオンの名称からつける．$CaSO_4$ は，カルシウムイオン (Ca^{2+}) と硫酸イオン ($SO_4{}^{2-}$) イオンでできているので硫酸カルシウム，NaCl は，ナトリウムイオン (Na^+) と塩化物イオン (Cl^-) は，塩化ナトリウムと呼ぶ．化合物は，分子式や組成式として表すときには，電荷をもたず正電荷と負電荷が互いに打ち消されるようにする．

例1　表 2.6 中の水酸化カルシウムは，Ca^{2+} と OH^- のイオンから構成される．

「Ca^{2+} の正電荷の合計」=「OH^- の負電荷の合計」を成立するためには

「Ca^{2+} の正電荷 (2+)×1」=「OH^- の負電荷 (1−)×2」

これを組成式に書き直すと $Ca(OH)_2$ となり，水酸化カルシウムと呼ぶ．

Ca^{2+} の 1 は省略できる．

例2　硫酸アルミニウムは，Al^{3+} と $SO_4{}^{2-}$ から構成される

「Al^{3+} の正電荷の合計」=「$SO_4{}^{2-}$ 負電荷の合計」の関係を成り立たせるには，もっとも小さい公倍数を選ぶ．すなわち，「Al^{3+} の正電荷 (3+)×2」=「$SO_4{}^{2-}$ 負電荷 (2−)×3」

これを組成式に書き直すと $Al_2(SO_4)_3$ となり，硫酸アルミニウムと呼ぶ．

単原子イオンはそのまま右下に，多原子イオンは，(　) 内に入れて，電荷を打ち消すための数を入れる場合が多い．

その他，分子式や他の化合物の名前の付け方や書き方については，多くのルールがある．

要点のまとめ

1. 原子の構造

1.1 原子の構造

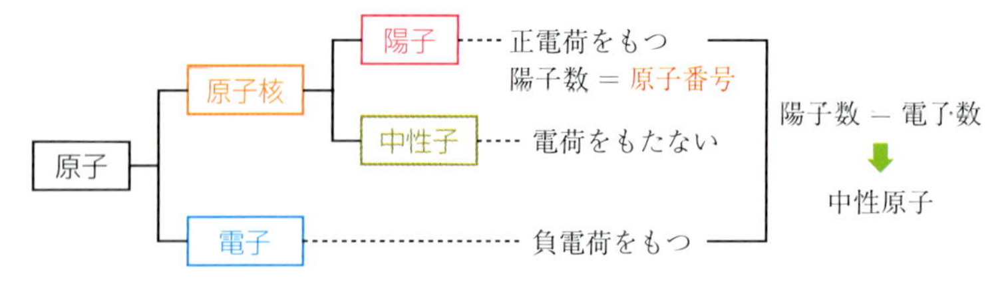

1.2 原子の表し方

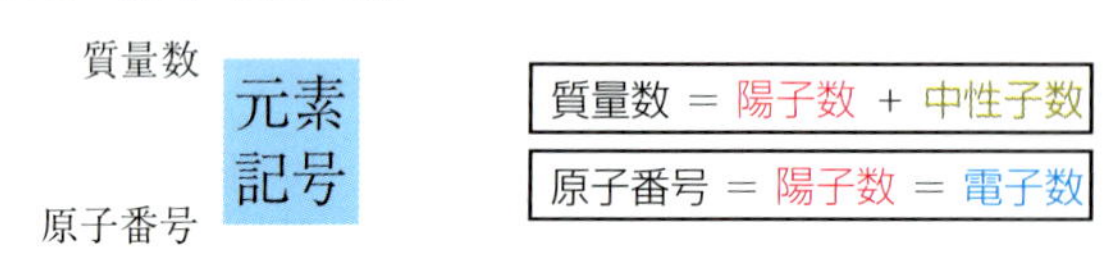

1.3 同位体

原子番号が同じで質量数が違う原子を同位体という．

同位体の特徴

① 通常は同じ元素記号で表され，質量数を明記して区別する．
ただし，水素の同位体は元素記号を変えて表記されることもある．

$$ {}^{1}_{1}\mathrm{H} = \mathrm{H},\ {}^{2}_{1}\mathrm{H} = \mathrm{D}\,(\text{重水素}),\ {}^{3}_{1}\mathrm{H} = \mathrm{T}\,(\text{三重水素}) $$

② 化学的性質もほぼ等しい（水素以外）．

③ 質量が異なるため，質量が関係する物理的性質は異なる．

2. 元素の性質と周期性

2.1 覚えるべき元素の種類と元素記号

（アルファベットを覚えないと英語の学習ができないのと同様に，元素記号を覚えないと化学の学習は始まらない．）

以下の原子番号 1～20 番は，原子番号，元素記号，元素名を全て覚えること!!

原子番号	元素記号	元素名	原子番号	元素記号	元素名
1	H	水素	11	Na	ナトリウム
2	He	ヘリウム	12	Mg	マグネシウム
3	Li	リチウム	13	Al	アルミニウム
4	Be	ベリリウム	14	Si	ケイ素
5	B	ホウ素	15	P	リン
6	C	炭素	16	S	硫黄
7	N	窒素	17	Cl	塩素
8	O	酸素	18	Ar	アルゴン
9	F	フッ素	19	K	カリウム
10	Ne	ネオン	20	Ca	カルシウム

以下の元素については，元素記号，元素名を覚えること!!

原子番号	元素記号	元素名	原子番号	元素記号	元素名
21	Sc	スカンジウム	47	Ag	銀
22	Ti	チタン	48	Cd	カドミウム
23	V	バナジウム	50	Sn	スズ
24	Cr	クロム	53	I	ヨウ素
25	Mn	マンガン	55	Cs	セシウム
26	Fe	鉄	56	Ba	バリウム
27	Co	コバルト	78	Pt	白金
28	Ni	ニッケル	79	Au	金
29	Cu	銅	80	Hg	水銀
30	Zn	亜鉛	82	Pb	鉛
35	Br	臭素	92	U	ウラン

2.2　周期表

族：周期表の縦の列．典型元素では，化学的性質が似ているものが並んでいる．

周期：周期表の横の行．

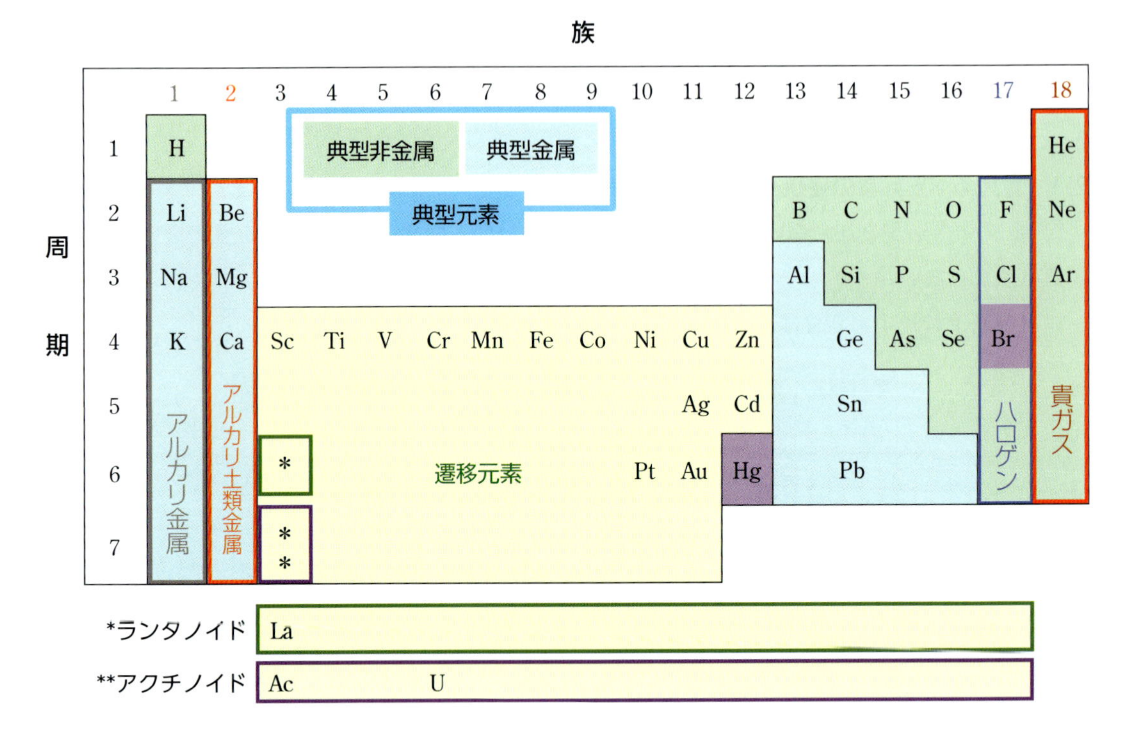

- アルカリ金属：H を除く 1 族元素，アルカリ土類金属：2 族元素（Be，Mg を除くことがある）．
  ハロゲン：17 族元素，貴ガス：18 族元素（唯一単原子分子として存在できる元素群）
- 典型元素：1, 2 族および 13～18 族の元素
  - 典型非金属：典型元素のうち金属元素としての性質をもたないもの
  - 典型金属：典型元素のうち金属としての性質を有する元素

  ※注：金属元素とは単体が金属光沢を持ち熱や電気をよく導き，陽イオンになりやすい元素をいう．
- 遷移元素：3～12 族の元素（12 族は典型元素に含める場合がある）
- 常温，常圧で単体が気体の元素：18 族の貴ガス，H，N，O，F，Cl の 11 種類だけ
- 常温，常圧で単体が液体の元素：Br と Hg だけ（■）

2.3　物質の表し方

化学式には，次のようなものがある．

① 分子式─分子（2 個以上の原子が共有結合してできた化合物）からできている物質を表し，1 分子中に存在する各元素の原子数をすべて示す式．例　H_2O，CO_2，CH_4，など．

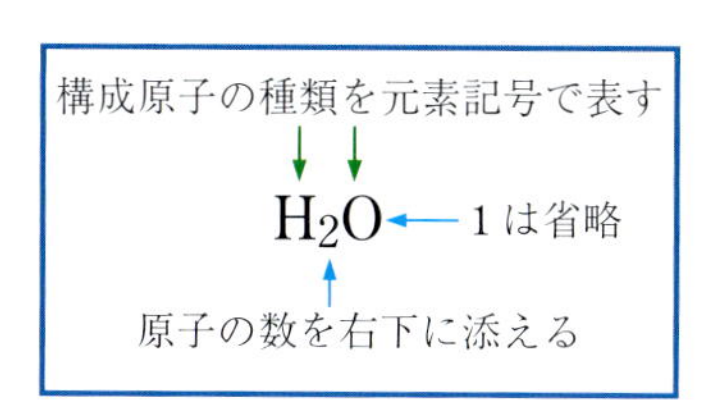

また，分子量が 180 で CH_2O の実験式（化合物をもっとも簡単な整数比で表した式）をもつ物質の分子式は $C_6H_{12}O_6$ となる．

② 構造式—分子内の原子の結合状態などを知ることができる式．

③ イオン式—イオンを表す式．

元素記号 価数 ±

イオンの表記と代表例

単原子イオン				
価数	陽イオン		陰イオン	
	名称	イオン式	名称	イオン式
1	水素イオン	H^+	塩化物イオン	Cl^-
	ナトリウムイオン	Na^+	フッ化物イオン	F^-
	カリウムイオン	K^+	シュウ化物イオン	Br^-
	銅（I）イオン	Cu^+	ヨウ化物イオン	I^-
	銀イオン	Ag^+		
2	カルシウムイオン	Ca^{2+}	酸化物イオン	O^{2-}
	マグネシウムイオン	Mg^{2+}	硫化物イオン	S^{2-}
	鉄（II）イオン	Fe^{2+}		
	銅（II）イオン	Cu^{2+}		
	バリウムイオン	Ba^{2+}		
	亜鉛イオン	Zn^{2+}		
3	鉄（III）イオン	Fe^{3+}		
	アルミニウムイオン	Al^{3+}		

化学式 価数 ±

多原子イオン				
価数	陽イオン		陰イオン	
	名称	イオン式	名称	イオン式
1	アンモニウムイオン	NH_4^+	水酸化物イオン	OH^-
			硝酸イオン	NO_3^-
			酢酸イオン	CH_3COO^-
			炭酸水素イオン	HCO_3^-
			過マンガン酸イオン	MnO_4^-
2			炭酸イオン	CO_3^{2-}
			硫酸イオン	SO_4^{2-}
			クロム酸イオン	CrO_4^{2-}
			二クロム酸イオン	$Cr_2O_7^{2-}$
3			リン酸イオン	PO_4^{3-}

④ 組成式—分子をつくらない物質を表す式.

物質を構成する原子(原子団)の数をもっとも簡単な整数比で示した化学式.

物質を,陽イオンによる正電荷と陰イオンによる負電荷の総和がゼロ(電気的に中性)で表す式.

「陽イオンのイオン価数」×「陽イオンの数」=「陰イオンのイオン価数」×「陰イオンの数」

イオン性の物質では,この陽イオンの数と陰イオンの数の比を使って,組成式を表す.

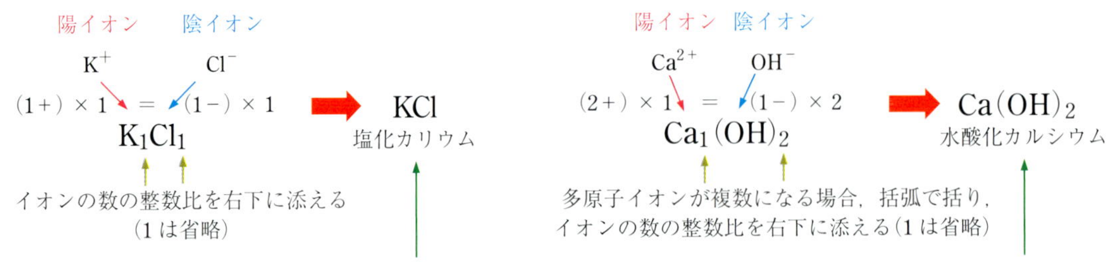

例題 1 $^{15}_{7}N$ の陽子数,中性子数,電子数を答えよ.

解答 陽子数 = 原子番号 = 7,

中性子数 = 質量数 − 陽子数 = 15−7 = 8

電子数 = 陽子数 = 原子番号 = 7

例題 2 次の表の空欄を埋めよ.

元素名			
原子番号		6	17
元素記号	$^{4}_{2}He$		
陽子数			
中性子数		7	
電子数			
質量数			37

解答

元素名	ヘリウム	炭素	塩素
原子番号	2	6	17
元素記号	$^{4}_{2}He$	$^{13}_{6}C$	$^{37}_{17}Cl$
陽子数	2	6	17
中性子数	2	7	20
電子数	2	6	17
質量数	4	13	37

例題 3 次の元素の組み合わせのうち,同族元素同士の組み合わせは何組あるか答えよ.

(a) H,He　(b) N,Ne　(c) F,Cl

(d) Ne,Kr　(e) Na,Mg　(f) Na,K

解答 3組

同族元素の組は,(c) 17族,(d) 18族,(f) 1族の3つである.その他はそれぞれ,(a) 1族と18族,(b) 15族と18族,(e) 1族と2族の元素の組み合わせである.

練習問題 2

2.1 次の文章中の空欄A~Fにもっとも適切な語句を,下の(ア)~(コ)の中からそれぞれ1つずつ選べ.

原子は,その中心にある1個の[A]と,それを取り巻くいくつかの[B]から構成されている.[A]は正電荷をもつ陽子と,電荷をもたない[C]から構成される.各元素の原子では,原子核中の陽子数が決まっており,その数が[D]と一致している.原子全体は電気的中性で,陽子の数が[B]の数と等しい.[B]の質量は，陽子や C の質量に比べて極めて小さい．陽子と C の質量はほぼ等しく，陽子の数と C の数の和を E という．

同じ元素の原子でも， E が異なる原子が存在する．これらを互いに F （アイソトープ）といい，一般に化学的性質はほとんど同じである．

（ア）原子核　（イ）中性子　（ウ）電子
（エ）原子量　（オ）分子量　（カ）質量数
（キ）原子番号　（ク）同素体　（ケ）同位体
（コ）単原子分子

2.2 次の表の空欄を埋めよ．

元素名				コバルト
原子番号		12	16	27
元素記号	${}^{10}_{5}B$			
陽子数				
中性子数		12		
電子数				
質量数			32	60

2.3 次の（ア）～（コ）の元素について以下の問に答えよ．

（ア）H　（イ）C　（ウ）O　（エ）Ne
（オ）Na　（カ）Al　（キ）Cl　（ク）K
（ケ）Ti　（コ）Fe

(a) 典型元素はいくつあるか．
(b) 金属元素はいくつあるか．
(c) アルカリ金属元素はいくつあるか．
(d) ハロゲン元素はいくつあるか．
(e) 貴ガス元素はいくつあるか．
(f) 遷移元素はいくつあるか．

2.4 グルコース分子は炭素6原子，水素12原子，酸素6原子で構成されている．グルコースの分子式としてもっとも適切なものはどれか．

（ア）6C12H6O　（イ）$C_6H_{12}O_6$
（ウ）C6O6H12　（エ）$6(CH_2O)$
（オ）2H6C6O

2.5 次の表の陽イオンと陰イオンの組み合わせで構成される化合物のうち，空欄（a）～（c）に相当する化合物の組成式を解答群Iから，また化合物名を解答群IIからそれぞれ選べ．

		陰イオン		
		Cl^-	CO_3^{2-}	PO_4^{3-}
陽イオン	Li^+		(a)	
	Mg^{2+}			(b)
	Al^{3+}	(c)		

解答群I
（ア）CO_3Li　（イ）$LiCO_3$　（ウ）Li_2CO_3
（エ）$MgPO_4$　（オ）$(PO_4)Mg_3$
（カ）$3\,MgPO_4$　（キ）$Mg_3(PO_4)_2$
（ク）$AlCl_3$　（ケ）Al_3Cl　（コ）3AlCl

解答群II
（ア）塩化リチウム　（イ）炭酸リチウム　（ウ）水酸化リチウム　（エ）リン酸マグネシウム　（オ）マグネシウムリン酸　（カ）炭酸マグネシウム　（キ）塩化アルミニウム　（ク）アルミニウム塩素　（ケ）リン酸アルミニウム　（コ）アルミニウム炭酸

略解

2.1 (A)(ア) (B)(ウ) (C)(イ) (D)(キ) (E)(カ) (F)(ケ)

2.2

元素名	ホウ素	マグネシウム	硫黄	コバルト
原子番号	5	12	16	27
元素記号	${}^{10}_{5}B$	${}^{24}_{12}Mg$	${}^{32}_{16}S$	${}^{60}_{27}Co$
陽子数	5	12	16	27
中性子数	5	12	16	33
電子数	5	12	16	27
質量数	10	24	32	60

2.3

(a) (ア) H,(イ) C,(ウ) O,(エ) Ne,(オ) Na,(カ) Al,(キ) Cl,(ク) K の 8 個

(b) (オ) Na, (カ) Al, (ク) K, (ケ) Ti, (コ) Fe の 5 個

(c) (オ) Na,(ク) K の 2 個

(d) (キ) Cl の 1 個

(e) (エ) Ne の 1 個

(f) (ケ) Ti,(コ) Fe の 2 個

2.4 (イ) $C_6H_{12}O_6$

2.5

	(a)	(b)	(c)
組成式(解答群 I)	(ウ) Li_2CO_3	(キ) $Mg_3(PO_4)_2$	(ク) $AlCl_3$
化合物名(解答群 II)	(イ) 炭酸リチウム	(エ) リン酸マグネシウム	(キ) 塩化アルミニウム

電子配置と元素の周期的性質

第２章では，原子は原子核と電子から構成され，電子は原子核のまわりに存在することを知った．本章では，電子が原子核のまわりのどこに，どれだけ存在し，それが原子の性質にどのように影響するかを説明する．

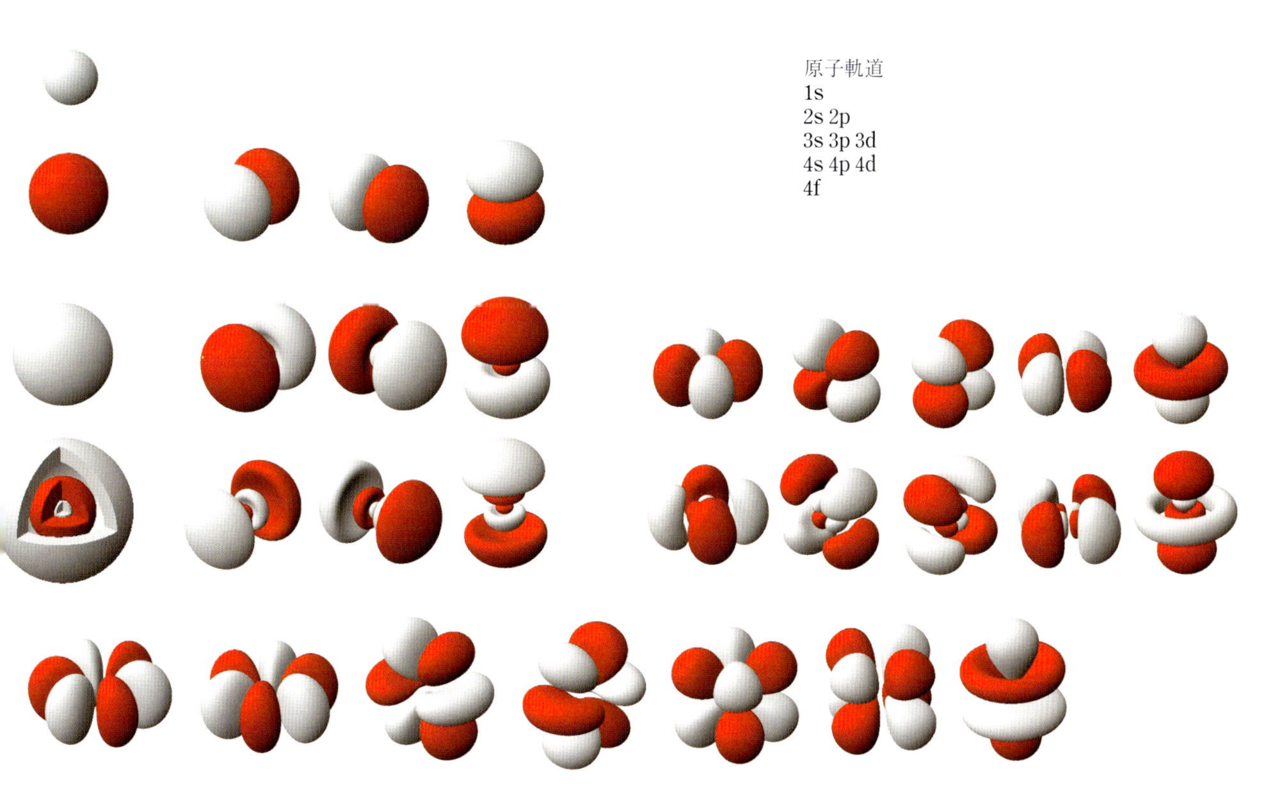

3.1 電子殻

電子は原子核のまわりのどこにでも存在できる訳ではない．原子スペクトルの詳細な研究と，ボーアらによる理論的な研究の結果，水素原子の電子は原子核からある特定の距離にのみ存在できることがわかった．また，電子がもつエネルギーも原子核からの距離に応じて変化する．

電子の「原子核からの距離」と「電子のエネルギー」を示すのが**電子殻**である．電子殻は，原子核に近い方から，K 殻，L 殻，M 殻，N 殻，… と命名されている．それぞれの電子殻の間の空間には，電子は存在しない．つまり，電子は空間的にとびとびの場所にしか存在できないのである．高等学校の教科書では，電子殻は同心円のモデルで示されていた．

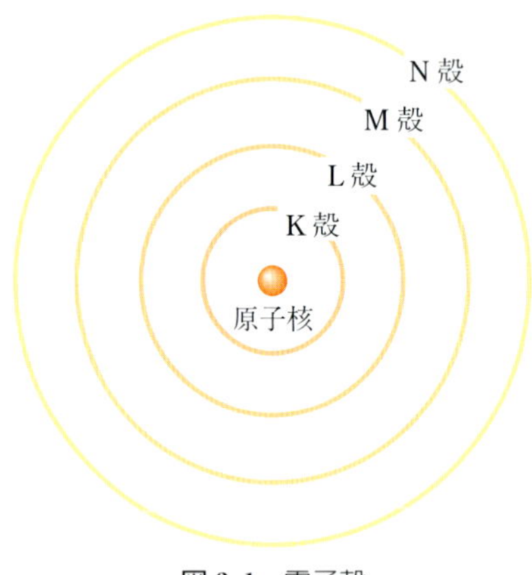

図 3.1　電子殻

このモデルは，同心円が電子の軌道（電子が動く道すじ）のように思えるが，それは間違いである．2 次元で表される同心円ではなく，3 次元で表される球の表面と考えるのがよく，電子は球の表面上を運動している，と考える．

図 3.1 の模式図では等間隔で描いているが，正確には，水素原子の電子殻では，原子核から K 殻までの距離に対して，L 殻はその 4 倍，M 殻はその 9 倍の距離にある．また，電子がもつエネルギー E は，K 殻の場合を E_K として，L 殻では，$E_L = E_K/4$，M 殻では，$E_M = E_K/9$ となる．つまり，正の整数 n を，K 殻：$n = 1$，L 殻：$n = 2$，M 殻：$n = 3$，… と割り当てると，

電子殻の原子核からの距離 $r = an^2$

電子殻に存在する電子のエネルギー $E = -b/n^2$

ただし，a, b は正の定数，という関係がある．

原子核から特定の距離に存在できる電子数は決まっている．電子が電子殻の位置に存在するとき，電子はその電子殻に収容されているという．そして，電子殻ごとに，電子の最大収容数が決まっている．上述した正の整数 n を用いると，表 3.1 に示したように，$2n^2$ が電子の最大収容数になる．

表 3.1　電子の最大収容数

電子殻	n	最大収容電子数 $2n^2$
K	1	2
L	2	8
M	3	18
N	4	32
O	5	50
P	6	72
Q	7	98

3.2 原子軌道

電子は，原子核からある距離にある電子殻に収容されていることを前節で述べた．ここでは，電子殻のどのあたりに電子が存在するか，その詳細をみてみよう．

ド・ブロイは，電子が波動と同じ性質をもつことを見いだし，その理論を発展させた．電子を波動として捉えるのはイメージ化しにくいであろう．しかし，現代化学では，電子を波動として捉えた理論によって，物質の性質発現のメカニズムを考えることが多く，またその理論を用いて新しい物質開発が行われている．また，電子の波動性を利用したのが電子顕微鏡である．

電子の波動性から，電子の空間的な分布を表すものとして**原子軌道**という概念が導入された．軌道と聞くと，惑星の軌道のように，「道すじ」を思い浮かべる人も多いであろう．しかし，「道す

表 3.2　量子数の別称，記号

主量子数	$n=$	1,	2,	3,	4,	…
		↓	↓	↓	↓	
		K 殻，	L 殻，	M 殻，	N 殻，	…（電子殻）
方位量子数	$l=$	0,	1,	2,	3,	…
		↓	↓	↓	↓	
		s 軌道，	p 軌道，	d 軌道，	f 軌道，	…
スピン量子数	$m_s=$	$+\frac{1}{2}$,	$-\frac{1}{2}$			
		↓	↓			
		↑,	↓			

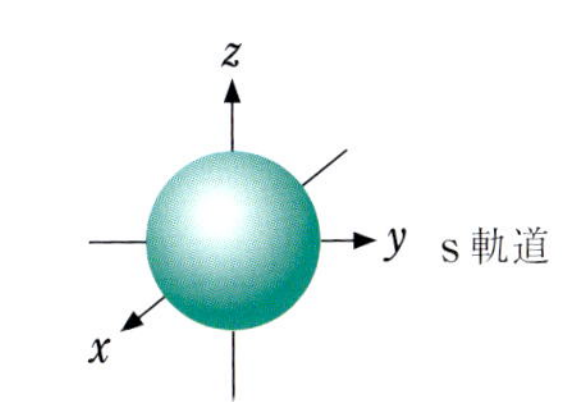

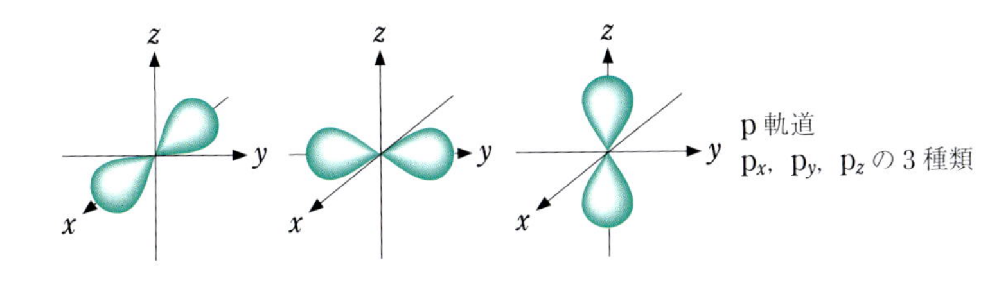

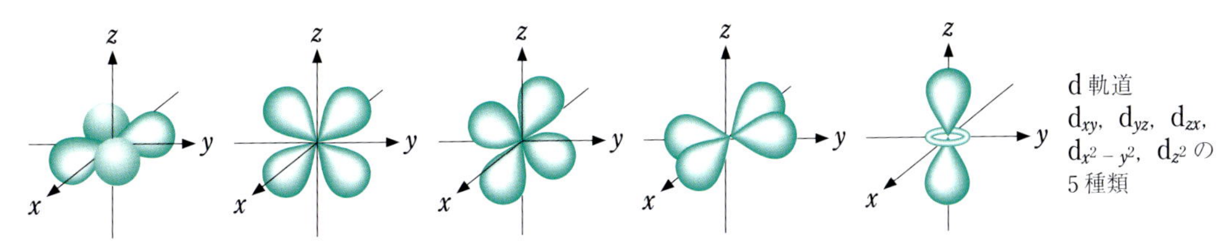

図 3.2　原子軌道（同じ存在確率の値の曲面で表した模式図）

じ」ではなく，「分布」であることをしっかり頭に入れておこう．実は電子の運動とその位置を正確に，同時に定めることはできない（不確定性原理）．そのため，電子の波動性と，その確率論的な処理から導かれる「電子の空間分布」しか，われわれは知ることができない．粒子性と波動性を統合した「量子論」によると，電子の空間分布を表す「原子軌道」は4つの量子数で分類される．

・主量子数 n　　$n = 1, 2, 3, 4, \cdots$

・方位（副）量子数 l　$l = 0, 1, 2, 3, \cdots, n-1$

表 3.3　原子軌道の種類

電子殻	l	m	$2l+1$	(nl) 軌道	軌道の形
$n=1$（K 殻）	$l=0$（s）	$m=0$	1	1s 軌道	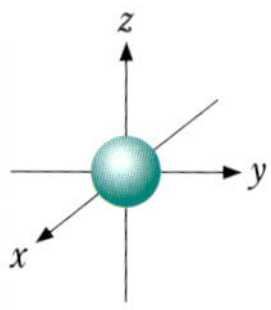
$n=2$（L 殻）	$l=0$（s）	$m=0$	1	2s 軌道	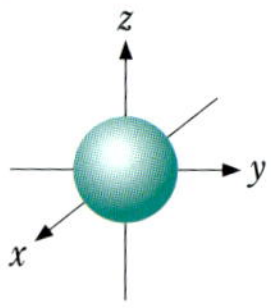
	$l=1$（p）	$m=0,\ \pm1$	3	2p 軌道	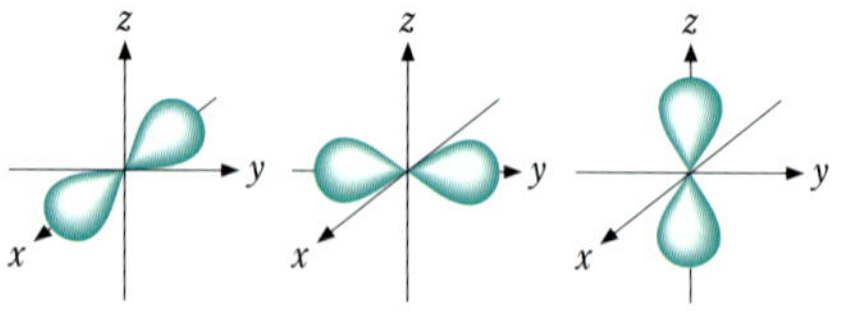
$n=3$（M 殻）	$l=0$（s）	$m=0$	1	3s 軌道	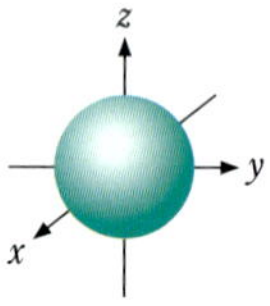
	$l=1$（p）	$m=0,\ \pm1$	3	3p 軌道	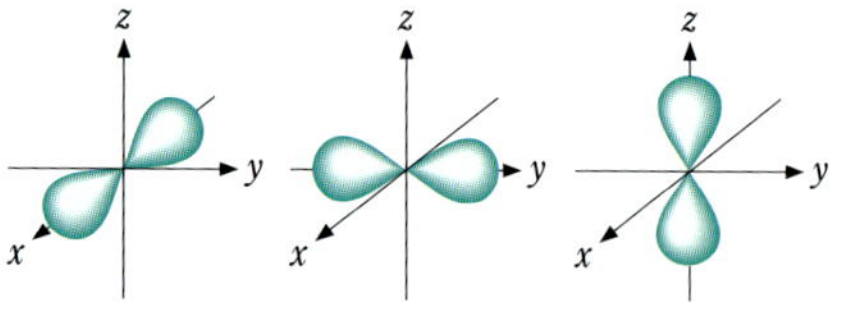
	$l=2$（d）	$m=0,\ \pm1,\ \pm2$	5	3d 軌道	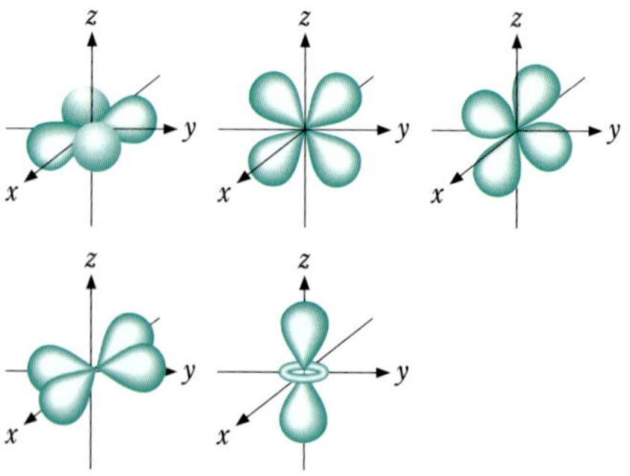

・磁気量子数 m　　$m = 0, \pm 1, \pm 2, \pm 3, \cdots, \pm l$

・スピン量子数 m_s　　$m_s = +\frac{1}{2}, -\frac{1}{2}$

このうち，電子の空間的な分布を規定しているのは n, l, m で，この3つの量子数によって定まる電子の軌道は「原子軌道」と呼ばれている．スピン量子数は電子の自転に関係していると考えることができる．

4つの量子数によって規定される軌道や電子の状態は，表3.2のような別称，記号を用いて表される．

n, l の値によって定まる (nl) 原子軌道には $m = 0$，± 1，± 2，± 3，…，$\pm l$ の $(2l+1)$ 種類があり，その形状は図3.2のようになっている．図は，電子の存在確率が高い，すなわち電子がいるであろう空間を示している．

電子の空間的な分布にはパターンがある．たとえば，s軌道は原子核からある距離の球の表面全体に，p軌道は x, y, z 軸の各軸方向に電子が分布していることを示す．また，d軌道は xy, yz, zx 平面内と x 軸 y 軸上，z 軸上に電子が分布するようすを示す．

電子殻と原子軌道はお互いに関連し合っていて，K殻では，s軌道の分布だけ，L殻では，sとp軌道の分布，M殻では，s, p, d軌道の分布というように，空間が広がり，電子数も多くなると電子分布のパターンも増えてくる（表3.3）．

各原子軌道の最大収容数は後節で述べるように，決まっている．1方向あたり最大2個の電子を収容できることから，s軌道では最大2，p軌道では3方向で最大6，d軌道では5方向で最大10個となる．また，同じs軌道といっても，K殻のs軌道（1s軌道という）とL殻のs軌道（2s軌道という）では，軌道の空間的な広がりの大きさが異なる．これは，K殻よりもL殻の方が原子核から遠いという，電子殻の大きさに依っている．

3.3 原子軌道への電子の収容

水素からヘリウム，リチウム，…と電子数が増えると，原子はどの原子軌道に収容されていくのだろうか？　電子殻を用いた電子の収容の仕方では，水素はK殻に1個の電子なのでK(1)，ヘリウムはK殻に2個の電子でK(2)，リチウムはK殻に2個，L殻に1個なのでK(2)L(1)であった．原子軌道になっても，電子殻への収容のされ方は変わらないのだろうか？　ここでは，電子の原子軌道への「収容のされ方」について説明する．電子の収容の仕方には，量子力学に基づく3つの規則がある．まず第一に，電子はエネルギー準位の低い原子軌道から順に収容される．図3.3は原子軌道のエネルギー準位を示す．原子軌道のエネルギー準位の順序は，原子の種類によって例外はあるが，おおむね $(n+l)$ の値の順になっている．エネルギーは n, l の値によって異なるが，m の値が異なっても同じエネルギーになることに注意しよう（たとえば3個の2p軌道のエネルギーは同じ）．

エネルギー準位の順序：1s < 2s < 2p < 3s < 3p < 4s < 3d < 4p < 5s < 4d <…

K殻の1s軌道がもっともエネルギー準位が低いので，電子は，最初に1s軌道に収容される．次に

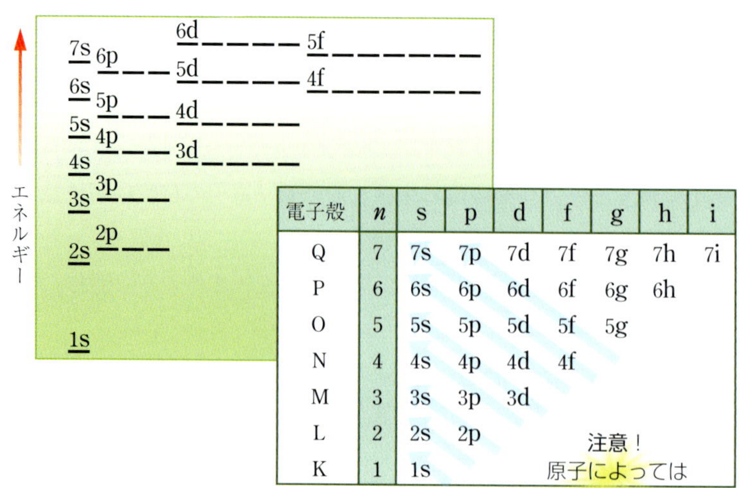

電子殻	n	s	p	d	f	g	h	i
Q	7	7s	7p	7d	7f	7g	7h	7i
P	6	6s	6p	6d	6f	6g	6h	
O	5	5s	5p	5d	5f	5g		
N	4	4s	4p	4d	4f			
M	3	3s	3p	3d				
L	2	2s	2p					
K	1	1s						

図 3.3　原子軌道のエネルギー準位

L 殻の 2s, 2p と続く．M 殻では，3s に収容された後，3p に入っていくが，よく見ると，3d よりも N 殻の 4s の方が，エネルギー準位が低い．後節で電子配置を確認するが，高等学校で学んだ知識では対応できないことが起こっていそうである．

さらに，各原子軌道内での電子の詰まり方には，パウリの排他原理とフントの規則といわれる規則がある．電子の状態は以下の 4 つの要素によって決まる．

(a)　電子殻の種類（K 殻，L 殻，M 殻，…）

(b)　原子軌道の種類（s 軌道，p 軌道，d 軌道，f 軌道，…）

(c)　原子軌道の方向（p 軌道：p_x, p_y, p_z，d 軌道：$d_{xy}, d_{yz}, \cdots$）

(d)　電子の自転（電子スピン）の方向（自転の向き 2 種類）

4 つの要素は，(a) から (d) に向かって，細かい内容になる．たとえば，L 殻に収容されている電子を見てみよう．(a) で，L 殻には最大 8 個の電子が収容される．(b) で，8 個はさらに 2s 軌道か 2p 軌道のいずれかの分布をする．(c) で，電子は 2s 軌道の球殻の表面への分布（方向性なし）と，2p 軌道の x, y, z 軸の 3 方向の分布，計 4 方向に平等に配置されるので，1 方向あたり 2 個の電子が収容できる．さらに，(d) で，2 個の電子はお互い自転方向が逆になる．こうしてみると，(a)～(d) のすべてが同じ条件の電子は 1 つしかない．言い換えると，(a) から (d) によって決まるただ 1 つの状態に，1 つの電子が対応する．これが**パウリの排他原理**である．

さらに，電子のエネルギーが同じになる（縮重という）軌道（たとえば p 軌道の 3 つ）に複数の電子が収容されるとき，

> 電子は，できるだけ自転方向を同じにして，異なる原子軌道に入り，それがいっぱいになってから，今度は自転方向を逆にして，各原子軌道に収容される

という**フントの規則**にしたがって，電子は収容される．次節で具体的な電子配置を確認してみよう．

3.4 多電子原子の電子配置

図 3.4 は原子軌道を箱に見立てて，そのなかに電子を収容しいくモデルである．これを用いて，原子の電子配置を表すことが多い．このとき，次のようなルールがある．

(a) 原子核に近い電子殻に属する原子軌道から順に書く．

(b) 同じ電子殻の中では，s, p, d, f, … の順に書く．

(c) 同じエネルギー準位の（縮重した）原子軌道はつなげて書く．

(d) 電子が収容されていない原子軌道は書かない．

(e) 箱の中に電子を書くときは，パウリの排他原理とフントの規則にしたがい，電子スピンは，お互い逆であることを↑と↓で明示する．

原子の電子配置のルールをまとめると，図 3.5 のようになる．

原子軌道の表し方としては，図 3.4 のように箱で表したり，図 3.5 のように横線で表したりと，

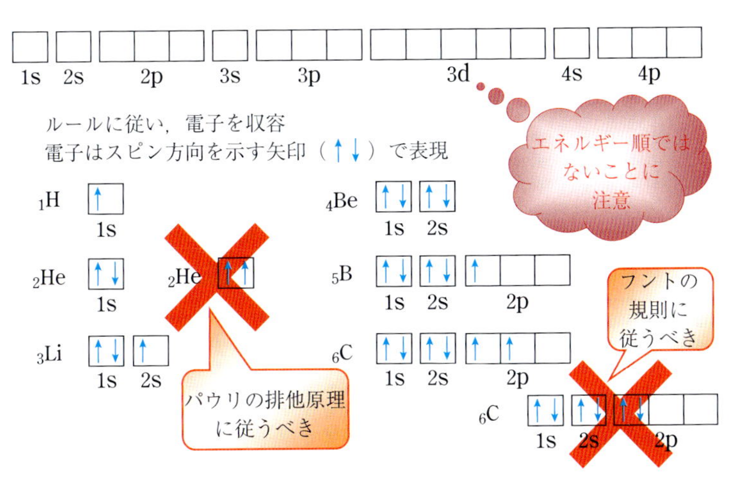

図 3.4 原子の電子配置

1. エネルギーの低い原子軌道から順に，Z（原子番号）個の電子を詰めていく（構成原理）．
2. 各原子軌道には上向きスピンの電子（↑），下向きスピンの電子（↓）が 1 個ずつ，最大 2 個まで入る（パウリの排他原理）．

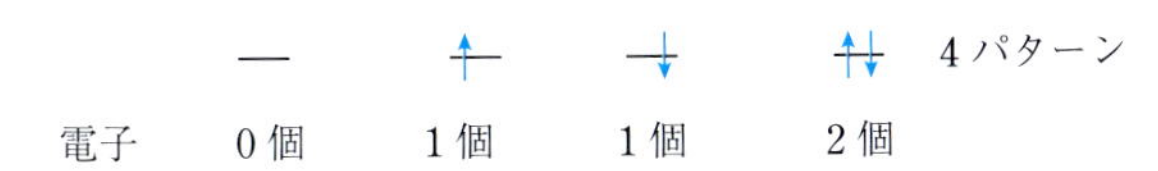

3. 同じエネルギーの軌道に電子を入れるときは，なるべくスピンの向きがそろうように，別々の軌道に入れる（フントの規則）．

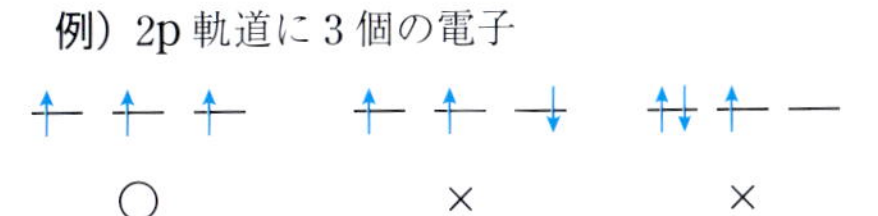

図 3.5 原子の電子配置のルール（ここでは，原子軌道を横線（—）で表している）

いくつかの表現法がある．また，原子軌道を横に並べて書いたり (図 3.4)，エネルギーの低い軌道から順に縦に並べて書いたりする (図 3.6)．

図 3.6 は，原子番号 6 の炭素 C の電子配置を表しており，6 個の電子をエネルギーの低い原子軌道から順に，パウリの排他原理とフントの規則に従って配置されている．この電子配置を 1 行で $1s^2 2s^2 2p^2$，あるいは，$(1s)^2 (2s)^2 (2p)^2$ と書く．右肩の数字は電子の個数を表す．電子配置を書く際には，電子の総数が原子番号に等しくなっていることを最後に必ず検算してもらいたい．また，表 3.4 には，周期表の第 1 周期と第 2 周期の原子の電子配置を示した．各自で確認してほしい．

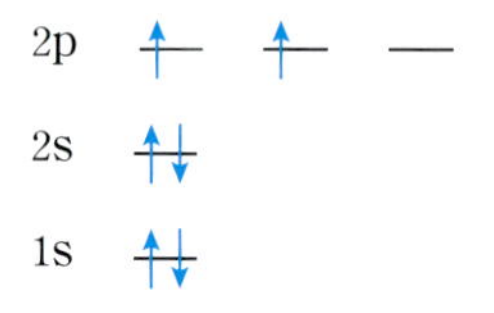

図 3.6　炭素原子の電子配置

表 3.4　原子番号 18 までの原子の電子配置

周期	元素	電子配置	電子を矢印で原子軌道を箱で表した場合の電子配置					
			K 殻	L 殻		M 殻		
			1s	2s	2p	3s	3p	3d
1	$_{1}$H	$(1s)^1$	[↑]	[ ]	[ ][ ][ ]	[ ]	[ ][ ][ ]	[ ][ ][ ][ ][ ]
	$_{2}$He	$(1s)^2$	[↑↓]	[ ]	[ ][ ][ ]	[ ]	[ ][ ][ ]	[ ][ ][ ][ ][ ]
2	$_{3}$Li	$(1s)^2 (2s)^1$	[↑↓]	[↑]	[ ][ ][ ]	[ ]	[ ][ ][ ]	[ ][ ][ ][ ][ ]
	$_{4}$Be	$(1s)^2 (2s)^2$	[↑↓]	[↑↓]	[ ][ ][ ]	[ ]	[ ][ ][ ]	[ ][ ][ ][ ][ ]
	$_{5}$B	$(1s)^2 (2s)^2 (2p)^1$	[↑↓]	[↑↓]	[↑][ ][ ]	[ ]	[ ][ ][ ]	[ ][ ][ ][ ][ ]
	$_{6}$C	$(1s)^2 (2s)^2 (2p)^2$	[↑↓]	[↑↓]	[↑][↑][ ]	[ ]	[ ][ ][ ]	[ ][ ][ ][ ][ ]
	$_{7}$N	$(1s)^2 (2s)^2 (2p)^3$	[↑↓]	[↑↓]	[↑][↑][↑]	[ ]	[ ][ ][ ]	[ ][ ][ ][ ][ ]
	$_{8}$O	$(1s)^2 (2s)^2 (2p)^4$	[↑↓]	[↑↓]	[↑↓][↑][↑]	[ ]	[ ][ ][ ]	[ ][ ][ ][ ][ ]
	$_{9}$F	$(1s)^2 (2s)^2 (2p)^5$	[↑↓]	[↑↓]	[↑↓][↑↓][↑]	[ ]	[ ][ ][ ]	[ ][ ][ ][ ][ ]
	$_{10}$Ne	$(1s)^2 (2s)^2 (2p)^6$	[↑↓]	[↑↓]	[↑↓][↑↓][↑↓]	[ ]	[ ][ ][ ]	[ ][ ][ ][ ][ ]
3	$_{11}$Na	$(1s)^2 (2s)^2 (2p)^6 (3s)^1$	[↑↓]	[↑↓]	[↑↓][↑↓][↑↓]	[↑]	[ ][ ][ ]	[ ][ ][ ][ ][ ]
	$_{12}$Mg	$(1s)^2 (2s)^2 (2p)^6 (3s)^2$	[↑↓]	[↑↓]	[↑↓][↑↓][↑↓]	[↑↓]	[ ][ ][ ]	[ ][ ][ ][ ][ ]
	$_{13}$Al	$(1s)^2 (2s)^2 (2p)^6 (3s)^2 (3p)^1$	[↑↓]	[↑↓]	[↑↓][↑↓][↑↓]	[↑↓]	[↑][ ][ ]	[ ][ ][ ][ ][ ]
	$_{14}$Si	$(1s)^2 (2s)^2 (2p)^6 (3s)^2 (3p)^2$	[↑↓]	[↑↓]	[↑↓][↑↓][↑↓]	[↑↓]	[↑][↑][ ]	[ ][ ][ ][ ][ ]
	$_{15}$P	$(1s)^2 (2s)^2 (2p)^6 (3s)^2 (3p)^3$	[↑↓]	[↑↓]	[↑↓][↑↓][↑↓]	[↑↓]	[↑][↑][↑]	[ ][ ][ ][ ][ ]
	$_{16}$S	$(1s)^2 (2s)^2 (2p)^6 (3s)^2 (3p)^4$	[↑↓]	[↑↓]	[↑↓][↑↓][↑↓]	[↑↓]	[↑↓][↑][↑]	[ ][ ][ ][ ][ ]
	$_{17}$Cl	$(1s)^2 (2s)^2 (2p)^6 (3s)^2 (3p)^5$	[↑↓]	[↑↓]	[↑↓][↑↓][↑↓]	[↑↓]	[↑↓][↑↓][↑]	[ ][ ][ ][ ][ ]
	$_{18}$Ar	$(1s)^2 (2s)^2 (2p)^6 (3s)^2 (3p)^6$	[↑↓]	[↑↓]	[↑↓][↑↓][↑↓]	[↑↓]	[↑↓][↑↓][↑↓]	[ ][ ][ ][ ][ ]

3.5 第4周期の電子配置

第3周期18族のアルゴンでは，18個の電子があり，

$$\mathrm{Ar}\quad (1s)^2(2s)^2(2p)^6(3s)^2(3p)^6$$

という電子配置になる．3p 軌道が最大数収容されているので，次のカリウムでは，新たにN殻の4s軌道に電子が収容されることになる．ただし，4s軌道は2個しか電子を収容できないので，スカンジウムからは，再度M殻に戻り，3d軌道に電子が収容される．高等学校では，より内側（原子核に近い）電子殻から順に電子が収容される，と学んだ．このルールは第3周期の原子までに適用できる．第4周期以降では，このルールは成立しないので，注意が必要である．

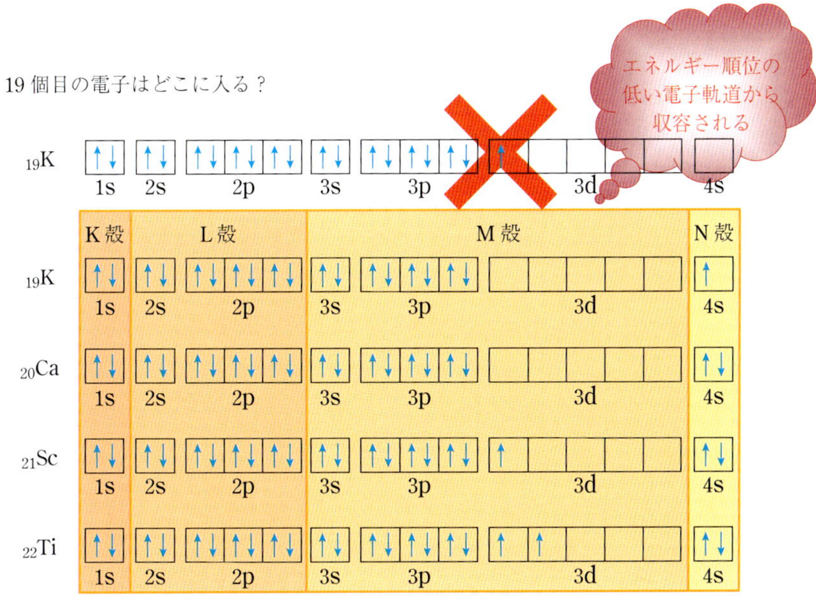

図 3.7　第4周期の元素の電子配置

3.6 最大電子収容数と閉殻電子配置

l の値によって区別される (l) 原子軌道は，$m = 0$，±1，±2，±3，…，$\pm l$ の $(2l+1)$ 種類が

表 3.5　最大電子収容数［原子軌道は横線（－）で表記している］

(l) 軌道	m	$2l+1$	最大電子収容数 $2(2l+1)$
s軌道 $(l=0)$	$m = 0$	1	2個 ⇅
p軌道 $(l=1)$	$m = 0, \pm1$	3	6個 ⇅ ⇅ ⇅
d軌道 $(l=2)$	$m = 0, \pm1, \pm2$	5	10個 ⇅ ⇅ ⇅ ⇅ ⇅
f軌道 $(l=3)$	$m = 0, \pm1, \pm2, \pm3$	7	14個 ⇅ ⇅ ⇅ ⇅ ⇅ ⇅ ⇅

あり，パウリの排他原理によって，これらの各軌道には最大2個までの電子が入ることができるので，(l) 原子軌道の最大電子収容数は $2(2l+1)$ になる（表3.5）．最大電子数になっている（電子が満席になっている）電子殻を**閉殻**という．

3.7 電子配置と周期表の関係

最後に，電子配置と周期表の関係を見よう．図3.8は，原子番号が増えるにつれて，どの原子軌道に電子が収容されるかを，周期表のなかに示している．すると，図3.8のようにs, p, d, fのブロックに分けることができる．これらの各元素の性質を比べると，最外殻（主量子数 n が最大の電子殻）の電子配置が同じ元素は類似の性質を示しており，これにより，元素の周期的性質が説明できる．たとえば，周期表2族の元素の最外殻の電子配置は $(n\mathrm{s})^2$ となり，2価の陽イオンになりやすいなどの共通の性質を示す．また，周期表17族のハロゲン元素の最外殻の電子配置は $(n\mathrm{s})^2(n\mathrm{p})^5$ となり，1価の陰イオンになりやすいなどの共通の性質を示す．

周期表18族の貴ガス元素の最外殻の電子配置は $(n\mathrm{s})^2(n\mathrm{p})^6$ [He は $(1\mathrm{s})^2$] となり，s, p 軌道がそれぞれ満席の閉殻になっている．そのため，他の原子と結合をつくらない，化学反応を起こさない，単独の原子のままで安定に存在する，などの共通の性質を示す．このような貴ガス元素の電子配置は極めて安定で，特に**貴ガス型電子配置**と呼ばれる．18族以外の元素は，安定な貴ガス型電子配置に何とかなろうとして，他の原子と結合をつくったり，化学反応を起こす．たとえば，次のようなイオン反応によって，安定な電子配置となる．

例　イオン化反応（電離反応）

$\mathrm{Mg} \longrightarrow \mathrm{Mg}^{2+} + 2\mathrm{e}^-$,　$\mathrm{Cl} + \mathrm{e}^- \longrightarrow \mathrm{Cl}^-$

Mg^{2+} : $(1\mathrm{s})^2(2\mathrm{s})^2(2\mathrm{p})^6$ = [Ne]（Ne の電子配置）
Cl^-　: $(1\mathrm{s})^2(2\mathrm{s})^2(2\mathrm{p})^6(3\mathrm{s})^2(3\mathrm{p})^6$ = [Ar]（Ar の電子配置）
} 貴ガス型電子配置で非常に安定

このように，元素の化学的性質は，最外殻の電子配置によって支配される．この電子配置が，原

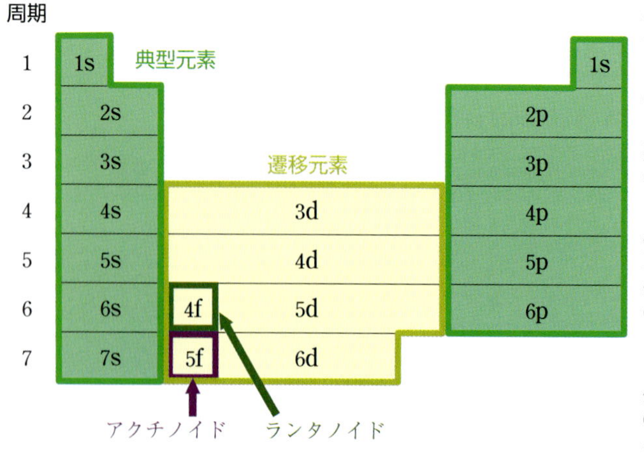

◎ s ブロック元素：1, 2族の元素．s軌道に電子が順に2個まで詰まっていく（第1周期は除く）．
◎ p ブロック元素：13〜18族の元素．p軌道に電子が順に6個まで詰まっていく（第1周期は除く）．
◎ d ブロック元素：ランタノイド，アクチノイドを除く3〜12族の元素．d軌道に電子が順に10個まで詰まっていく．ただし，電子の充填の順序には例外があり，下の周期ほど例外が多くなる．
◎ f ブロック元素：ランタノイド，アクチノイド元素群．f軌道に電子が順に14個まで詰まっていく．ただし，電子の充填の順序の例外が非常に多い．
◎ 12族は d ブロック元素にも関わらず，その性質から典型元素に分類される場合がある．

図3.8　周期表と電子配置の関係

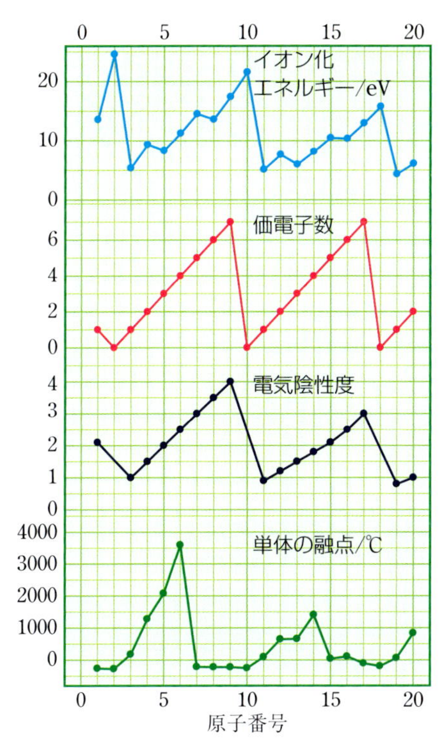

図 3.9　元素の周期性．eV（電子ボルト）はエネルギーの単位で，$1\ \mathrm{eV} = 1.602 \times 10^{-19}\ \mathrm{J}$ である．（原子番号 2 の He の融点は，高圧下での値）

子番号の増加とともに周期的に変化するため，元素の性質も周期的に変化している．図 3.9 は，元素を原子番号の順に並べたときに，それぞれの性質が周期的に変化するようすを示している．

イオン化エネルギー：原子または分子から 1 個の電子を無限遠に引き離して，陽イオンと電子とに解離させるために必要なエネルギー．イオン化エネルギーが小さいほど，陽イオンになりやすい．

価電子（原子価電子，最外殻電子）**数**：原子の電子配置において最外殻（主量子数 n が最大の電子殻）を占める電子を価電子という．価電子は，高いエネルギーをもち不安定であることから活性があり，原子の化学的性質を決定している．周期表の第 1 周期から第 3 周期までは，1 族から 17 族まで，族番号の 1 の位が価電子数と同じになる．基本的に価電子数は最外殻電子数と同じだが，18 族だけは，最外殻電子数が He を除いて 8 個なのに対し，価電子数は 0 個となり，「価電子」≠「最外殻電子」となっている．これは，価電子が化学結合に関係する電子を指すため，化学結合しない 18 族元素では，価電子が 0 個になるためである．

電気陰性度：原子が電子を引きつける尺度．18 族貴ガスは除外，17 族の $_{9}\mathrm{F}$ が最大．電気陰性度が大きいほど陰イオンになりやすい（図 3.10）．

単体の融点：14 族元素がもっとも高く，それを中心にした山型のパターンは，第 2 周期と第 3 周期で似ている．これは，同族元素では，融点が似ていることを示している．

族	1	2	3	4	5	6	7	8	9	10	11	12	13	14	15	16	17
	H 2.2																
	Li 1.0	Be 1.6											B 2.0	C 2.6	N 3.0	O 3.4	F 4.0
	Na 0.9	Mg 1.3											Al 1.6	Si 1.9	P 2.2	S 2.6	Cl 3.2
	K 0.8	Ca 1.0	Sc 1.4	Ti 1.5	V 1.6	Cr 1.7	Mn 1.6	Fe 1.8	Co 1.9	Ni 1.9	Cu 1.9	Zn 1.7	Ga 1.8	Ge 2.0	As 2.2	Se 2.6	Br 3.0
	Rb 0.8	Sr 1.0	Y 1.2	Zr 1.3	Nb 1.6	Mo 2.2	Tc 1.9	Ru 2.2	Rh 2.3	Pd 2.2	Ag 1.9	Cd 1.7	In 1.8	Sn 2.0	Sb 2.1	Te 2.1	I 2.7

図 3.10　ポーリングの電気陰性度

要点のまとめ

1. 原子軌道

原子中の電子の状態は次の 4 つの量子数によって分類されている．

- 主量子数　$n = 1, 2, 3, 4, \cdots$
- 方位（副）量子数　$l = 0, 1, 2, 3, \cdots, n-1$
- 磁気量了数　$m = 0, \pm 1, \pm 2, \pm 3, \cdots, \pm l$
- スピン量子数　$m_s = +\frac{1}{2}, -\frac{1}{2}$

このうち，電子の空間的な分布を規定しているのは n, l, m で，この 3 つの量子数によって定まる電子の軌道は「原子軌道」と呼ばれている．スピン量子数は電子の自転に関係していると考えることができる．

4 つの量子数によって規定される軌道や電子の状態は，下表のような別称，記号を用いて表される．

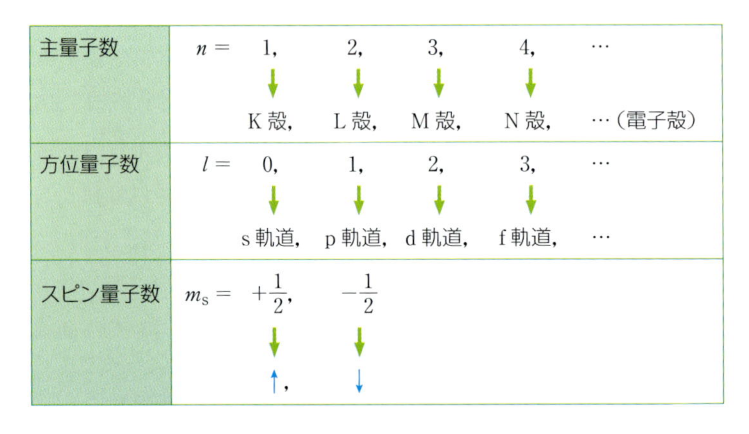

主量子数	$n =$ 1, 2, 3, 4, …
	K 殻，L 殻，M 殻，N 殻，…（電子殻）
方位量子数	$l =$ 0, 1, 2, 3, …
	s 軌道，p 軌道，d 軌道，f 軌道，…
スピン量子数	$m_s = +\frac{1}{2}, -\frac{1}{2}$
	↑，↓

n, l の値によって定まる (nl) 原子軌道には $m = 0, \pm 1, \pm 2, \pm 3, \cdots, \pm l$ の $(2l+1)$ 種類があり，その正確な形状は次表のようになっている（白は正符号，赤は負符号を示す）．

電子殻	l	m	$2l+1$	(nl) 軌道	軌道の形
$n=1$ (K 殻)	$l=0$ (s)	$m=0$	1	1s 軌道	(球) z, x, y
$n=2$ (L 殻)	$l=0$ (s)	$m=0$	1	2s 軌道	(球)
	$l=1$ (p)	$m=0,\ \pm 1$	3	2p 軌道	(鉄アレイ型) (断面図)
$n=3$ (M 殻)	$l=0$ (s)	$m=0$	1	3s 軌道	(球)
	$l=1$ (p)	$m=0,\ \pm 1$	3	3p 軌道	(断面図)
	$l=2$ (d)	$m=0,\ \pm 1,\ \pm 2$	5	3d 軌道	

2. 原子軌道のエネルギー準位

原子軌道のエネルギー準位の順序は，原子の種類によって例外はあるが，おおむね $(n+l)$ の値の順になっている．下図の青い矢印の順序を覚えておくこと！　エネルギーは n, l の値によって異なるが，m の値が異なっても同じエネルギーになることに注意しよう（たとえば3個の 2p 軌道のエネルギーは同じ）．

$$1s < 2s < 2p < 3s < 3p < 4s < 3d < 4p < 5s < 4d < \cdots$$

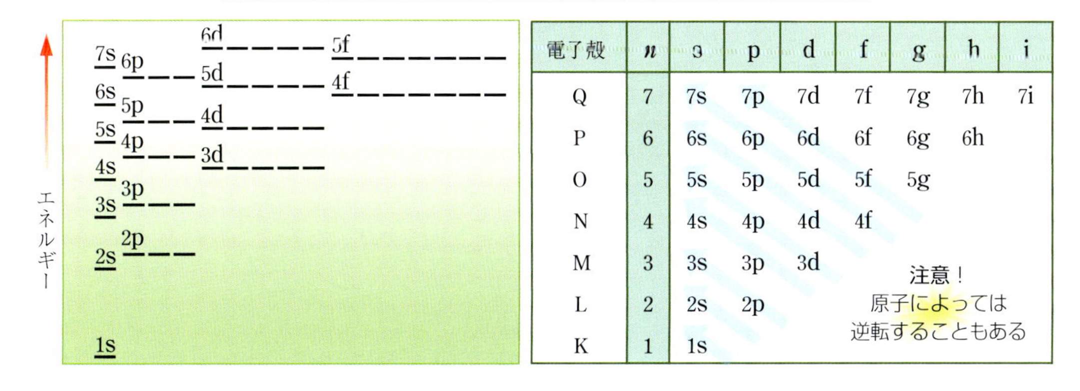

電子殻	n	s	p	d	f	g	h	i
Q	7	7s	7p	7d	7f	7g	7h	7i
P	6	6s	6p	6d	6f	6g	6h	
O	5	5s	5p	5d	5f	5g		
N	4	4s	4p	4d	4f			
M	3	3s	3p	3d				
L	2	2s	2p					
K	1	1s						

3. 原子の電子配置

原子の電子配置は，元素の特性を決める非常に重要な概念である．すらすら書けるようにしておこう．電子配置は次のルールによって決まる．なお，原子軌道は横棒（—）で表記することにする．

1. エネルギーの低い原子軌道から順に，Z（原子番号）個の電子を詰めていく（構成原理）．
2. 各原子軌道には上向きスピンの電子（↑），下向きスピンの電子（↓）が1個ずつ，最大2個まで入る（パウリの排他原理）．

電子	—	↑	↓	↑↓	4パターン
	0個	1個	1個	2個	

3. 同じエネルギーの軌道に電子を入れるときは，なるべくスピンの向きがそろうように，別々の軌道に入れる（フントの規則）．

例） 2p軌道に3個の電子

↑ ↑ ↑	↑ ↑ ↓	↑↓ ↑ —
○	×	×

4. 最大電子収容数と閉殻電子配置

l の値によって区別される (l) 軌道は，$m = 0, \pm1, \pm2, \pm3, \cdots, \pm l$ の $(2l+1)$ 種類があり，パウリの排他原理によって，これらの各軌道には最大2個までの電子が入ることができるので，(l) 軌道の最大電子収容数は $2(2l+1)$ になる．最大電子数になっている（電子が満席になっている）電子殻を閉殻という．

(l) 軌道	m	$2l+1$	最大電子収容数　$2(2l+1)$
s軌道 $(l=0)$	$m=0$	1	2個 ↑↓
p軌道 $(l=1)$	$m=0,\ \pm1$	3	6個 ↑↓ ↑↓ ↑↓
d軌道 $(l=2)$	$m=0,\ \pm1,\ \pm2$	5	10個 ↑↓ ↑↓ ↑↓ ↑↓ ↑↓
f軌道 $(l=3)$	$m=0,\ \pm1,\ \pm2,\ \pm3$	7	14個 ↑↓ ↑↓ ↑↓ ↑↓ ↑↓ ↑↓ ↑↓

例　${}_{20}$Ca の電子配置は，20個の電子をエネルギーの低い原子軌道から順に，パウリの排他原理とフントの規則に従って配置して，右図のようになる．

右図を1行で $(1s)^2(2s)^2(2p)^6(3s)^2(3p)^6(4s)^2$，あるいは，$1s^2 2s^2 2p^6 3s^2 3p^6 4s^2$ と書いてもよい．右肩の数字は電子の個数を表す．電子の総数が原子番号に等しいことを最後に必ず検算すること．また，原子軌道を箱で表す場合もある．

4s	↑↓
3p	↑↓ ↑↓ ↑↓
3s	↑↓
2p	↑↓ ↑↓ ↑↓
2s	↑↓
1s	↑↓

5. 価電子（原子価電子，最外殻電子）

原子の電子配置において最外殻（主量子数 n が最大の電子殻）を占める電子を価電子という．価電子は，高いエネルギーをもち不安定であることから活性があり，原子の化学的性質を決定している．また，他の原子と結合をつくったり，化学変化の際には重要な働きをする．なお，周期表18族の貴ガス元素に対してはふつう価電子を0個と定義し，価電子 ≠ 最外殻電子である．

1 族から 17 族まで：価電子数 = 族番号の 1 の位の値
18 族：価電子数 = 0

6. 電子配置と元素の周期的性質

最外殻（主量子数 n が最大の電子殻）の電子配置が同じ元素は類似の性質を示す．これにより，元素の周期的性質が説明できる．

例 1　周期表 2 族の元素の最外殻の電子配置は $(n\mathrm{s})^2$ となり，2 価の陽イオンになりやすいなどの共通の性質を示す．

例 2　周期表 17 族のハロゲン元素の最外殻の電子配置は $(n\mathrm{s})^2(n\mathrm{p})^5$ となり，1 価の陰イオンになりやすいなどの共通の性質を示す．

例 3　周期表 18 族の貴ガス元素の最外殻の電子配置は $(n\mathrm{s})^2(n\mathrm{p})^6$ [He は $(1\mathrm{s})^2$] となり，他の原子と結合をつくらない，化学反応を起こさない，単独の原子のままで安定に存在する，などの共通の性質を示す．

7. 貴ガス型電子配置

18 族の貴ガス元素の最外殻の電子配置は $(n\mathrm{s})^2(n\mathrm{p})^6$ [He は $(1\mathrm{s})^2$] となり，s, p 軌道がそれぞれ満席の閉殻になっている．このような電子配置は極めて安定で，特に貴ガス型電子配置と呼ばれる．18 族以外の元素は，安定な貴ガス型電子配置に何とかなろうとして，他の原子と結合をつくったり，化学反応を起こす．

例　イオン化反応（電離反応）

$\mathrm{Mg} \longrightarrow \mathrm{Mg}^{2+} + 2\mathrm{e}^-$，$\mathrm{Cl} + \mathrm{e}^- \longrightarrow \mathrm{Cl}^-$

Mg^{2+}：$(1\mathrm{s})^2(2\mathrm{s})^2(2\mathrm{p})^6$ = [Ne]（Ne の電子配置）　貴ガス型電子配置で非常に安定

Cl^-：$(1\mathrm{s})^2(2\mathrm{s})^2(2\mathrm{p})^6(3\mathrm{s})^2(3\mathrm{p})^6$ = [Ar]（Ar の電子配置）　貴ガス型電子配置で非常に安定

8. 元素の周期性

電気陰性度：原子が電子を引きつける尺度．18 族貴ガスは除外，17 族の $_9\mathrm{F}$ が最大．

電気陰性度が大きいほど陰イオンになりやすい．

族　1　2　3・・・16　17

大

小

イオン化エネルギー：原子または分子から 1 個の電子を無限遠に引き離して，陽イオンと電子とに解離させるために必要なエネルギー．イオン化エネルギーが小さいほど，陽イオンになりやすい．

例題 1　窒素の電子配置を書け．

解答　$(1s)^2(2s)^2(2p)^3$

窒素原子の電子の数は 7 であり，電子をエネルギーの低い原子軌道から順に（$1s<2s<2p$），パウリの排他原理とフントの規則に従って，配置していく．

例題 2　電子を矢印で，原子軌道を箱で表した場合の，窒素の電子配置を書け．

解答

1s	2s	2p
[↑↓]	[↑↓]	[↑][↑][↑]

窒素原子の電子の数は 7 であり，電子をエネルギーの低い原子軌道から順に，パウリの排他原理とフントの規則に従って，配置していく．

練習問題 3

3.1　次の（A）～（C）に答えよ．

（A）　次の各原子の電子配置はどのようになるか．空欄にあてはまるものを下の（ア）～（ス）の中から 1 つずつ選べ．ただし，同じものを何度選んでもよい．

（1）F（原子番号 $Z=9$）：
$(1s)^{\boxed{(a)}}(2s)^{\boxed{(b)}}(2p)^{\boxed{(c)}}$

（2）Mg（原子番号 $Z=12$）：
$(1s)^{\boxed{(a)}}(2s)^{\boxed{(b)}}(2p)^{\boxed{(c)}}(3s)^{\boxed{(d)}}$

（3）Cl（原子番号 $Z=17$）：
$(1s)^{\boxed{(a)}}(2s)^{\boxed{(b)}}(2p)^{\boxed{(c)}}(3s)^{\boxed{(d)}}(3p)^{\boxed{(e)}}$

（4）$_5B$：$(1s)^{\boxed{(a)}}(2\boxed{(b)})^2(2p)^{\boxed{(c)}}$

（5）$_{16}S$：
$(1s)^{\boxed{(a)}}(2s)^{\boxed{(b)}}(2\boxed{(c)})^{\boxed{(d)}}(\boxed{(e)}s)^2(3p)^{\boxed{(f)}}$

（ア）0　（イ）1　（ウ）2　（エ）3
（オ）4　（カ）5　（キ）6　（ク）7
（ケ）8　（コ）9　（サ）s　（シ）p
（ス）d

（B）　（A）の（1）～（5）の最外殻部分に下線を書け．

（C）　（A）の（1）と（3）が類似の性質を示すのは，最外殻の電子配置が $(ns)^{\boxed{(a)}}(np)^{\boxed{(b)}}$ となって同じになるからである．空欄（a），（b）に数字を入れよ．

3.2　$^{16}_{8}O$ 原子と $^{1}_{1}H$ 原子からなる H_2O 分子 1 個の総電子数はいくらか．

3.3　次の（1），（2）に答えよ．
（1）M 殻には最大何個電子が収容できるか．
（2）N 殻の最大収容電子数はいくらか．

3.4　次の（1）～（3）に答えよ．
（1）　下の表の（A）～（F）にあてはまる原子の元素記号を答えよ．解答は「解答群 1」から 1 つずつ選べ．
（2）　上記の各原子について，電子を矢印で軌道を箱で表した場合の電子配置はどのようになるか．空欄（a）～（e）にあてはまるものを下の「解答群 2」の中から 1 つずつ選べ．ただし，同じものを何度選んでもよい．
（3）　上記の各原子の価電子数はそれぞれいくつか．空欄（G）～（L）にあてはまる数値を下の「解答群 3」のなかから 1 つずつ選べ．

	原子番号	元素記号	1s	2s	2p	3s	3p	価電子数
(i)	11	(A)	(a)	(b)	(c)	(d)	(e)	(G)
(ii)	12	(B)	(a)	(b)	(c)	(d)	(e)	(H)
(iii)	13	(C)	(a)	(b)	(c)	(d)	(e)	(I)
(iv)	14	(D)	(a)	(b)	(c)	(d)	(e)	(J)
(v)	15	(E)	(a)	(b)	(c)	(d)	(e)	(K)
(vi)	16	(F)	(a)	(b)	(c)	(d)	(e)	(L)

「解答群 1」
（ア）Al　（イ）Na　（ウ）Cl　（エ）Mg
（オ）P　（カ）Ar　（キ）Si　（ク）S

「解答群 2」
（ア）[ ]　（イ）[↑]　（ウ）[↑↑]
（エ）[↑↓]　（オ）[ ][ ][ ]
（カ）[↑][ ][ ]　（キ）[↑↓][ ][ ]
（ク）[↑][↑][ ]　（ケ）[↑↓][↑][ ]
（コ）[↑][↑][↑]　（サ）[↑↓][↑↓][ ]
（シ）[↑↓][↑][↑]　（ス）[↑↓][↑↓][↑]
（セ）[↑↓][↑↓][↑↓]

「解答群 3」

（ア）0　（イ）1　（ウ）2　（エ）3
（オ）4　（カ）5　（キ）6

3.5　次の表に適切な語句および数値を記入し，表を完成させよ．

	元素記号	元素名	原子番号	陽子数	中性子数	電子数		
						K殻	L殻	M殻
(1)	$^{10}_{5}B$	(a)	(b)	(c)	(d)	(e)	(f)	(g)
(2)	$^{14}_{7}N$	(a)	(b)	(c)	(d)	(e)	(f)	(g)
(3)	$^{26}_{12}Mg$	(a)	(b)	(c)	(d)	(e)	(f)	(g)

3.6　次の(1)～(5)に答えよ．
(1)　電気陰性度の最も大きい元素は何か．次の(ア)～(カ)の中から1つ選べ．
（ア）H　（イ）B　（ウ）N　（エ）F
（オ）Cl　（カ）K
(2)　HCl分子内で電子がより多く引き寄せられるのはどちらの原子か．
（ア）H　（イ）Cl
(3)　$_{11}Na^+$ イオンの電子数はいくらか．
(4)　塩化物イオン(Cl^-)のM殻には電子が何個収容されているか．
(5)　ナトリウムとマグネシウムでイオン化エネルギーの大きいものはどちらか．
（ア）ナトリウム　（イ）マグネシウム

3.7　原子番号10から20までの元素について，次の(1)～(7)に答えよ．
(1)　次の(a)，(b)に答えよ．
(a)　もっとも安定な電子配置で，化合物をつくりにくい原子の組み合わせはどれか．次の(ア)～(ク)の中から1つ選べ．
（ア）H，He　（イ）He，Na　（ウ）Na，K
（エ）F，Cl　（オ）Ne，Ar　（カ）Na，Cl
（キ）Mg，Ca　（ク）C，Si
(b)　(a)の答えの最外殻の電子配置の一般形を書け．
(2)　貴ガスの原子の電子配置の組み合わせとして正しいものはどれか．次の(ア)～(ク)の中から1つ選べ．
（ア）　$(1s)^1$，$(1s)^2(2s)^2(2p)^6(3s)^1$
（イ）　$(1s)^2(2s)^2$，$(1s)^2(2s)^2(2p)^6$
（ウ）　$(1s)^2(2s)^2(2p)^6$，
　　$(1s)^2(2s)^2(2p)^6(3s)^2(3p)^3$
（エ）　$(1s)^2(2s)^2(2p)^6$，
　　$(1s)^2(2s)^2(2p)^6(3s)^2(3p)^6$
（オ）　$(1s)^2(2s)^2(2p)^6(3s)^1$，
　　$(1s)^2(2s)^2(2p)^6(3s)^2(3p)^1$
（カ）　$(1s)^2(2s)^2(2p)^6(3s)^2$，
　　$(1s)^2(2s)^2(2p)^6(3s)^2(3p)^6$
（キ）　$(1s)^2(2s)^2(2p)^6(3s)^2(3p)^2$，
　　$(1s)^2(2s)^2(2p)^6(3s)^2(3p)^4$
（ク）　$(1s)^2(2s)^2(2p)^6(3s)^2(3p)^4$，
　　$(1s)^2(2s)^2(2p)^6(3s)^2(3p)^6$
(3)　次の(a)，(b)に答えよ．
(a)　2価の陽イオンになりやすい原子の組み合わせはどれか．次の(ア)～(ク)の中から1つ選べ．
（ア）H，He　（イ）He，Ne　（ウ）Na，Mg
（エ）F，Cl　（オ）Ne，Ar　（カ）Ca，Al
（キ）Mg，Ca　（ク）C，Si
(b)　(a)の答えの原子の最外殻の電子配置の一般形を書け．
(4)　原子番号20の原子が安定なイオンになったときのイオン式として，適切な物を次の(ア)～(ク)の中から1つ選べ．
（ア）Na^+　（イ）K^+　（ウ）Mg^{2+}
（エ）Ca^{2+}　（オ）Al^{3+}　（カ）F^-
（キ）Cl^-　（ク）O^{2-}
(5)　原子番号20の原子が安定なイオンになったときの電子配置はどのようになるか．空欄(a)～(f)にあてはまるもっとも適切なものを下の(ア)～(ス)の中から1つずつ選べ．ただし，同じものを何度選んでもよい．
電子配置：
$$(1s)^{\boxed{(a)}}(2s)^{\boxed{(b)}}(2\boxed{(c)})^{\boxed{(d)}}(\boxed{(e)}s^2(3p)^{\boxed{(f)}}$$
（ア）0　（イ）1　（ウ）2　（エ）3
（オ）4　（カ）5　（キ）6　（ク）7
（ケ）8　（コ）9　（サ）s　（シ）p
（ス）d
(6)　一価の陰イオンになりやすい原子はどれか．次の(ア)～(ク)の中から1つ選べ．
（ア）S　（イ）Si　（ウ）Mg　（エ）Na
（オ）Ar　（カ）Cl　（キ）P　（ク）K
(7)　(6)の原子が安定なイオンになったときの電子配置はどのようになるか．空欄(a)～(f)にあてはまるもっとも適切なものを下の(ア)～(ス)の中から1つずつ選べ．ただし，同じものを何度選んでもよい.

電子配置：

$(1s)^{\boxed{(a)}}(2s)^{\boxed{(b)}}(2\boxed{(c)})^{\boxed{(d)}}(\boxed{(e)}s)^{\boxed{(f)}}(3\boxed{(g)})^{\boxed{(h)}}$

（ア）0　（イ）1　（ウ）2　（エ）3
（オ）4　（カ）5　（キ）6　（ク）7
（ケ）8　（コ）9　（サ）s　（シ）p
（ス）d

3.8 次の(a)～(d)のイオンについて，下の(1)，(2)に答えよ.

(a) F^-　(b) Li^+　(c) S^{2-}　(d) Ca^{2+}

(1) イオン(a)～(d)それぞれの電子の数はいくつか. 次の（ア）～（ス）の中から，それぞれ1つずつ選べ. ただし，同じものを何度選んでもよい.

（ア）0　（イ）1　（ウ）2　（エ）3
（オ）4　（カ）6　（キ）8　（ク）10
（ケ）12　（コ）14　（サ）16　（シ）18
（ス）20

(2) イオン(a)～(d)それぞれと同じ電子配置である貴ガス元素の元素記号はどれか. 次の（ア）～（ケ）の中から，それぞれ1つずつ選べ. ただし，同じものを何度選んでもよい.

（ア）H　（イ）He　（ウ）Be　（エ）O
（オ）Ne　（カ）Na　（キ）Al　（ク）Cl
（ケ）Ar

略解

3.1

(A) (1) (a)（ウ），(b)（ウ），(c)（カ）
(2) (a)（ウ），(b)（ウ），(c)（キ），(d)（ウ）
(3) (a)（ウ），(b)（ウ），(c)（キ），(d)（ウ），(e)（カ）
(4) (a)（ウ），(b)（サ），(c)（イ）
(5) (a)（ウ），(b)（ウ），(c)（シ），(d)（キ），(e)（エ），(f)（オ）

(B) (1) $(1s)^{\boxed{(a)}}\underline{(2s)^{\boxed{(b)}}(2p)^{\boxed{(c)}}}$

(2) $(1s)^{\boxed{(a)}}(2s)^{\boxed{(b)}}(2p)^{\boxed{(c)}}\underline{(3s)^{\boxed{(d)}}}$

(3) $(1s)^{\boxed{(a)}}(2s)^{\boxed{(b)}}(2p)^{\boxed{(c)}}\underline{(3s)^{\boxed{(d)}}(3p)^{\boxed{(e)}}}$

(4) $(1s)^{\boxed{(a)}}\underline{(2\boxed{(b)})^2(2p)^{\boxed{(c)}}}$

(5) $(1s)^{\boxed{(a)}}(2s)^{\boxed{(b)}}(2\boxed{(c)})^{\boxed{(d)}}\underline{(\boxed{(e)}s)^2(3p)^{\boxed{(f)}}}$

(C) (a)2，(b)5

3.2 10

3.3 (1) 18　(2) 32

3.4 (1) (A)（イ），(B)（エ），(C)（ア），(D)（キ），(E)（オ），(F)（ク）
(2) (i) (a)（エ），(b)（エ），(c)（セ），(d)（イ），(e)（オ）
(ii) (a)（エ），(b)（エ），(c)（セ），(d)（エ），(e)（オ）
(iii) (a)（エ），(b)（エ），(c)（セ），(d)（エ），(e)（カ）
(iv) (a)（エ），(b)（エ），(c)（セ），(d)（エ），(e)（ク）
(v) (a)（エ），(b)（エ），(c)（セ），(d)（エ），(e)（コ）
(vi) (a)（エ），(b)（エ），(c)（セ），(d)（エ），(e)（シ）
(3) (G)（イ），(H)（ウ），(I)（エ），(J)（オ），(K)（カ），(L)（キ）

3.5

元素記号	元素名	原子番号	陽子数	中性子数	電子数		
					K殻	L殻	M殻
$^{10}_{5}B$	ホウ素	5	5	5	2	3	0
$^{14}_{7}N$	窒素	7	7	7	2	5	0
$^{26}_{12}Mg$	マグネシウム	12	12	14	2	8	2

3.6 (1)（エ）　(2)（イ）　(3) 10
(4) 8　(5)（イ）

3.7 (1) (a)（オ），(b) $(ns)^2(np)^6$
(2)（エ）
(3) (a)（キ），(b) $(ns)^2$
(4)（エ）
(5) (a)（ウ），(b)（ウ），(c)（シ），(d)（キ），(e)（エ），(f)（キ）
(6)（カ）
(7) (a)（ウ），(b)（ウ），(c)（シ），(d)（キ），(e)（エ），(f)（ウ），(g)（シ），(h)（キ）

3.8 (1) (a)（ク），(b)（ウ），(c)（シ），(d)（シ）
(2) (a)（オ），(b)（イ），(c)（ケ），(d)（ケ）

化学結合

人類が発見した，もしくは人工的につくられた物質はアメリカ化学会のデータベースによると，現在では，1日に1～2万もの新たな物質が合成され，その総数は2億5000万を超える．その一方で，現在確認されている元素の種類は約120種で，放射性元素を除けば，たったの85種に限られる．しかし，元素の種類に比較し，世の中には数多くの多様な性質をもった物質が存在している．これは，原子，分子，イオンなどの粒子が化学的結び付き（化学結合）で互いに引き合い，多種多様な物質を構成しているためである．また，構成粒子が空間的に規則正しい配列で集合したものが結晶であり，結晶構造からも物質の多様性が生み出される．本章では，化学結合の種類，結晶の成り立ちと化学結合の関係，物質の性質と化学結合の関係について学ぶ．

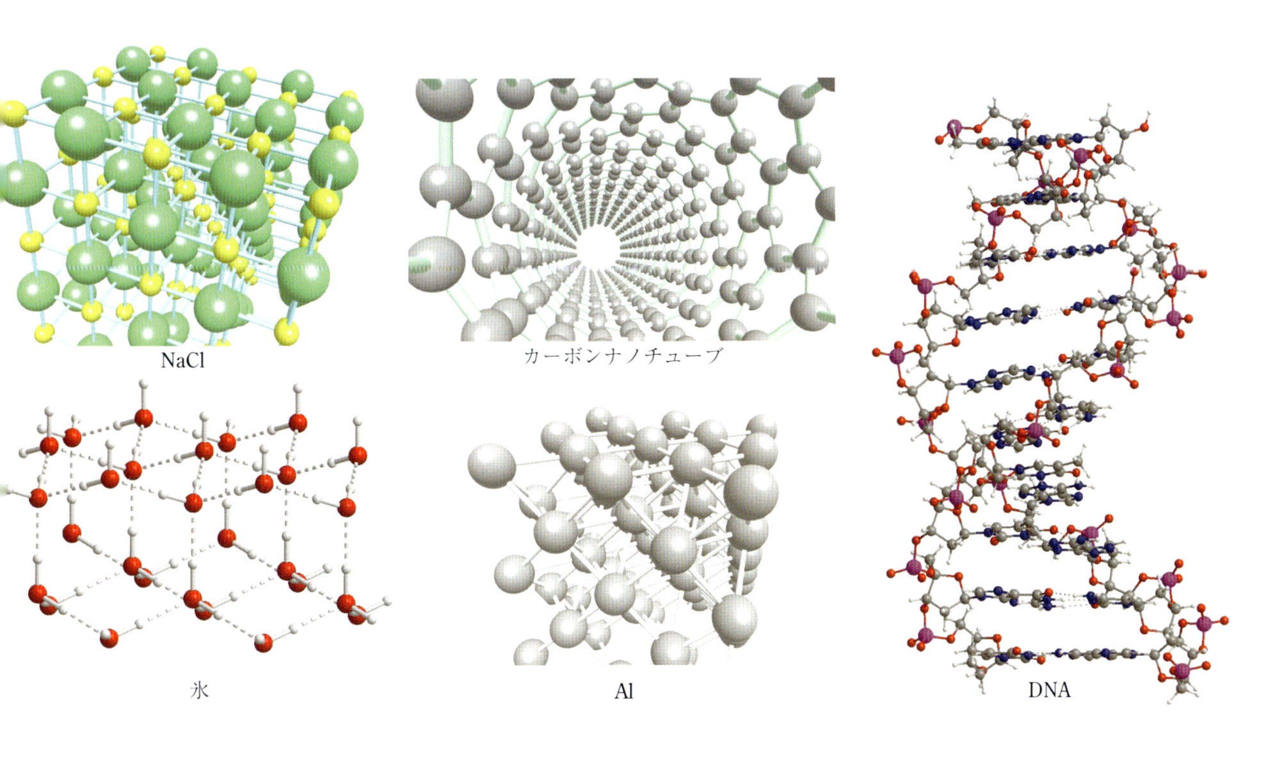

4.1 イオン結合

第2章で述べたように，陽イオンと陰イオンがクーロン力（静電気力）で引き合って結ばれた結合を**イオン結合**，イオン結合でできている結晶を**イオン結晶**という．イオン結晶の生成については，段階を経て考えるとその性質を理解しやすい．まず，陽性の強い元素（金属元素）から陰性の強い元素（非金属元素）へ電子の移動が生じ，陽イオンと陰イオンが生成する．しかし，多くの元素において電子親和力はイオン化エネルギーよりも小さい．そのため，電子移動の段階はエネルギー的に不利となるので，陽イオンと陰イオンが結合した「分子」はできない．つまり，単純にイオンが生成するだけでは，イオン結晶は生じないと考えられ，イオン結晶が形成されるには，安定化の原因が他にあると推測される．

電子の授受の後に，陽イオンと陰イオンが規則的に配列することによって，陽イオンと陰イオン間でクーロン力によるイオン結合ができ，イオン結晶を形成する．イオン結晶が生成される理由は，この陽イオンと陰イオン間に働く強力なクーロン力によるものである（図4.1）．クーロン力には方向性がないので，結晶中では，1つの陽イオンは複数の陰イオンに取り囲まれた状態となっている．同様に，陰イオンについても陽イオンが周囲を取り囲んでいる．これらを踏まえると，イオン結合の大きさはクーロン力（$F = \dfrac{q_1 q_2}{4\pi\varepsilon_0 r^2}$：$q_1$ と q_2 はイオンの電荷，π は円周率，ε_0 は真空の誘電率，r はイオン間距離をそれぞれ示している）を決定づける陰イオンと陽イオンのイオン半径と

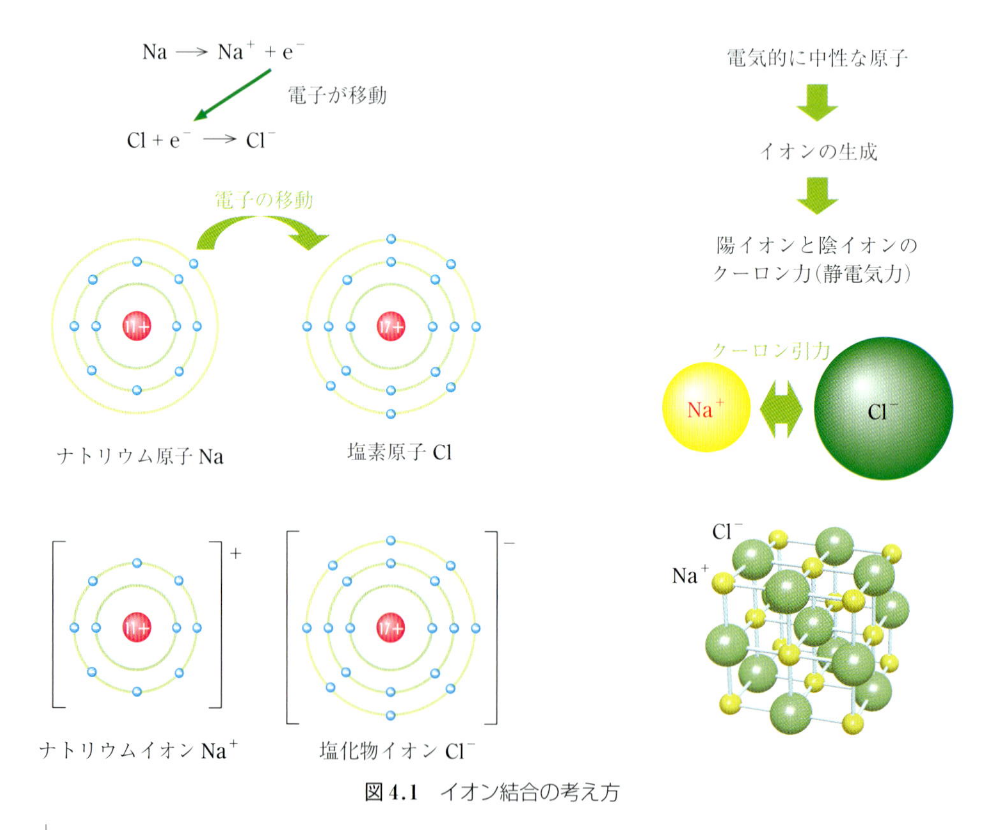

図4.1 イオン結合の考え方

イオンの価数によって大きく左右される．

イオン結合は一般に，イオンの価数が大きいほど，またイオン半径が小さいほど強くなる．イオン間に働くクーロン力はかなり強いので，イオン結晶は硬く，融点，沸点が高いものが多くなる．またイオン結晶の固体では，電子は陽イオンと陰イオンに束縛されて結晶中を自由に移動できないので，電気伝導性はほとんどない．しかし，高温で融解して液体になった場合や水溶液中では，イオンが自由に移動できるので，高い電気伝導性をもつようになる．イオン結合でできた物質には「分子」という粒子集団は存在せず，陽イオンと陰イオンが電荷を打ち消すような一定の比で存在しているので，NaCl のように成分元素のもっとも簡単な整数比で表した組成式で書き表す（2 章参照）．

4.2 金属結合

金属元素はイオン化エネルギーが小さく，次式のように価電子を放出して陽イオンになりやすい性質をもっている．

$$\mathrm{Na} \longrightarrow \mathrm{Na}^{+} + \mathrm{e}^{-}$$

$$\mathrm{Al} \longrightarrow \underbrace{\mathrm{Al}^{3+}}_{\text{金属陽イオン}} + \underbrace{3\mathrm{e}^{-}}_{\text{価電子 = 自由電子}}$$

金属の単体では，図 4.2 のように，金属の陽イオンが規則正しく周期的な 3 次元結晶格子をつくり，金属原子から離れた価電子は特定の陽イオンに固定されることなく，結晶中を自由に動き回る．このような電子を**自由電子**といい，金属中の陽イオンどうしを結びつけるはたらきをもっている．このように自由電子が金属イオン全体にいわば共有される形でできているのが**金属結合**である．金属単体はこの自由電子による金属結合によって，陽イオンがしっかり結びつき硬い結晶格子をつくっている．特に遷移金属元素（3～12 族）の金属単体は融点，沸点が高く，硬い結晶になるものが多い．一方，典型元素（1, 2, 13～18 族）に属する金属元素の単体は，比較的に融点，沸点が低く，軟らかい結晶になるものが多い．

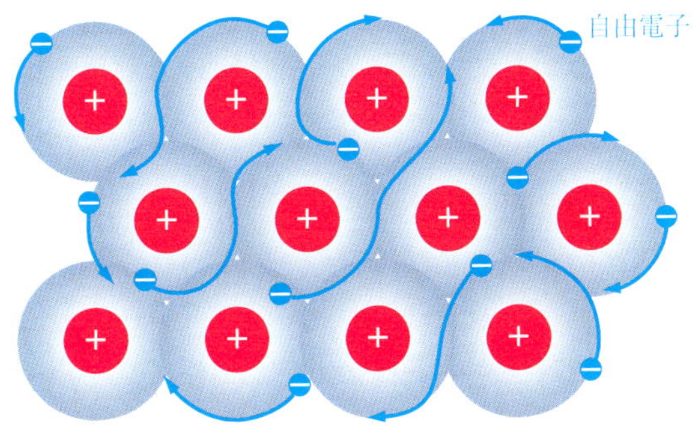

図 4.2　金属単体中の陽イオンと価電子（自由電子）．自由電子は自由に結晶中を動き回って，いわば「電子の海」のようになっている．

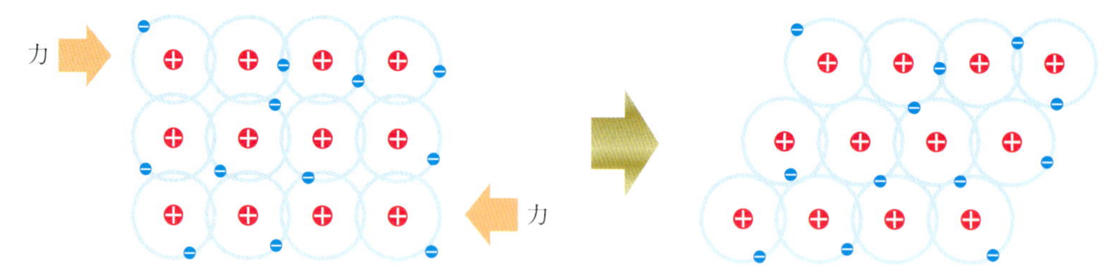

図 4.3　金属単体の展性，延性

次のような金属単体の特徴もすべてこの自由電子に由来する．

(1)　電気や熱を伝えやすい．自由電子は金属結晶中を自由に移動することができ，電気や熱を伝導する役割をもつ．

(2)　特有の金属光沢をもつ物質が多い．自由電子は外部から入射された光を反射するため，光って見える．

(3)　外部からの力によって容易に変形し，延性（銅線のように線状に長く伸びる性質）や展性（金箔やアルミ箔のように，薄く面状に広がる性質）が大きい．これは金属が自由電子による結合なので方向性がなく，原子配列がずれても結合は切れにくいからである（図 4.3）．

4.3　金属結晶の構造

純粋な金属単体の固体は，その構成要素である金属イオンが規則正しく 3 次元的に配列して周期性をもっている．このような固体を**結晶**という．その周期性により，結晶の構造は単純な単位構造の繰り返しによる格子状構造をつくることになり，この最小単位構造は**単位格子**と呼ばれている．金属単体の代表的な結晶構造を図 4.4 に示す．

結晶格子中で，ある粒子にもっとも接近している他の粒子の数を**配位数**という．言い換えると，1 つの粒子は配位数個の粒子によって取り囲まれていることになる．また，粒子を完全な球として，この球が最近接の球と接していると仮定したときの，球の占める体積と単位格子の体積の比 $\left(\dfrac{\text{球の占める体積}}{\text{単位格子の体積}}\times 100\right)$ を**充填率**（じゅうてん）（%）という．充填率は単位格子の一辺の長さを a，球の半径を r として，単位格子中の粒子（球）の数（図 4.4，表 4.1 参照）を考慮すると，それぞれ次のように計算できる（球 1 個の体積は $4\pi r^3/3$）．

(1)　単純立方格子（simple cubic lattice : sc）

$$a = 2r \text{ より，} \frac{4\pi r^3/3}{a^3}\times 100 = 52.4$$

(2)　体心立方格子（body centered cubic lattice : bcc）

単位格子の対角線の長さは $\sqrt{3}a = 4r$，

$$a = \frac{4r}{\sqrt{3}} \text{ より，} \frac{2\times 4\pi r^3/3}{a^3}\times 100 = 68.0$$

体心立方格子：対角面内で球が接している

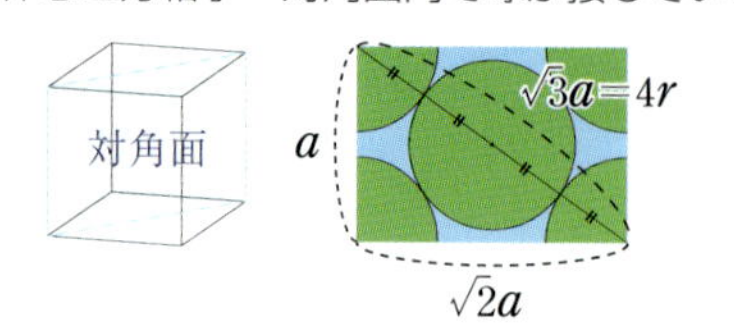

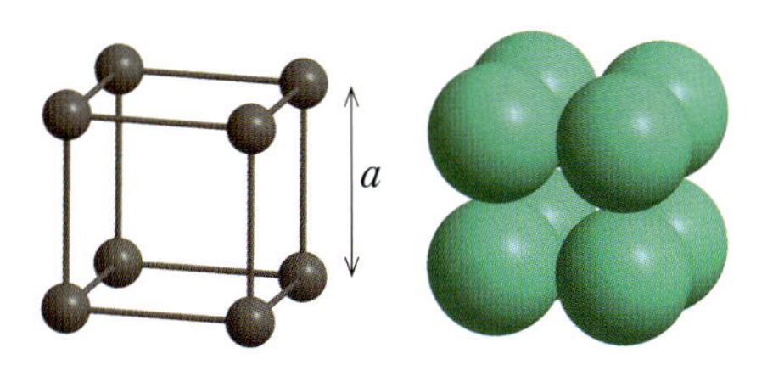

(a) 単純立方格子
(simple cubic lattice : sc)

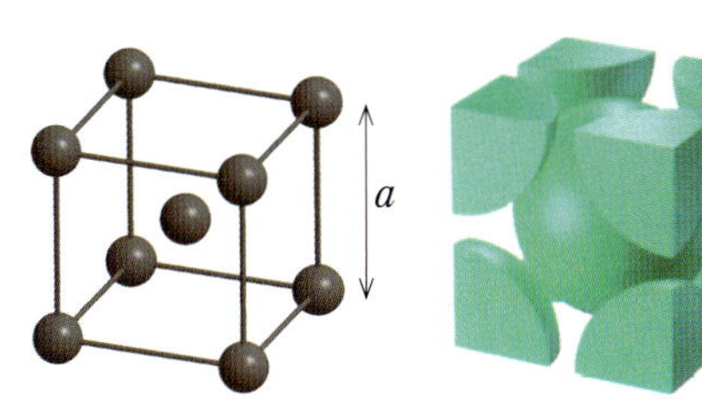

(b) 体心立方格子
(body centered cubic lattice : bcc)

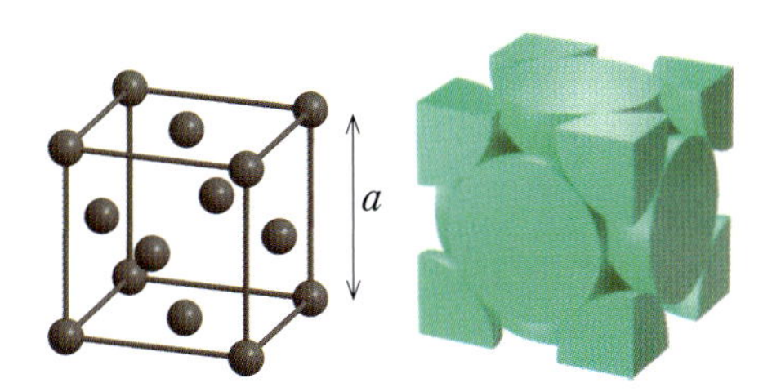

(c) 面心立方格子（立方最密構造）
(face centered cubic lattice : fcc)
(cubic close packing : ccp)

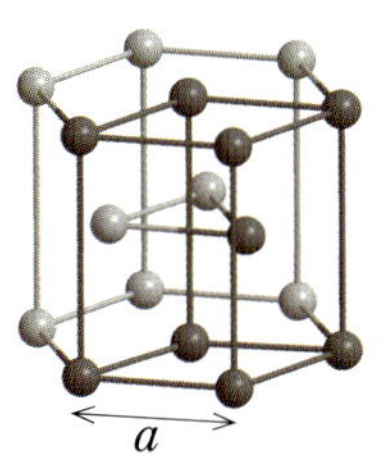

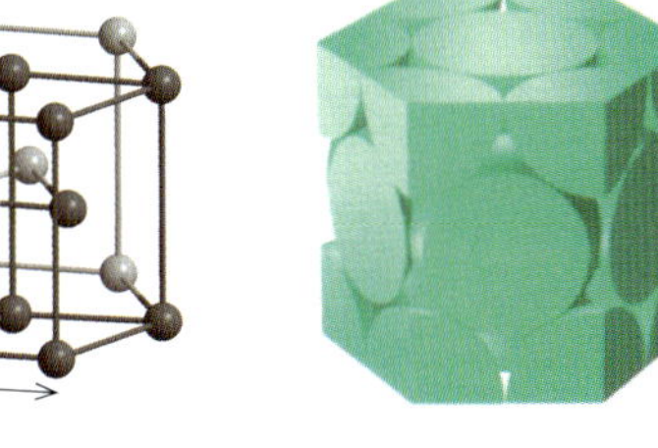

(d) 六方最密構造
(hexagonal close packing : hcp)
(単位格子は色の濃い部分)

図 4.4 金属単体の結晶構造

表 4.1 金属結晶の単位格子

単位格子	単位格子中に含まれる粒子（球）の数	配位数	充塡率（%）	代表例
単純立方	$\frac{1}{8}\times 8 = 1$	6	52.4	Po
体心立方	$\frac{1}{8}\times 8+1 = 2$	8	68.0	Li, Na, K, Fe
面心立方	$\frac{1}{8}\times 8+\frac{1}{2}\times 6 = 4$	12	74.0	Al, Cu, Ag, Au
六方最密構造	$\frac{1}{12}\times 4+\frac{1}{6}\times 4+1 = 2$	12	74.0	Be, Mg, Ti, Zn

面心立方格子：面内で球が接している

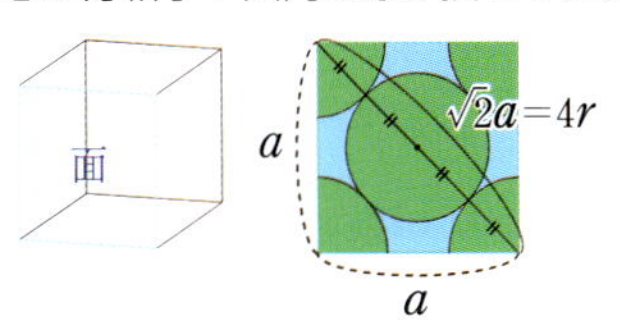

(3) 面心立方格子 (face centered cubic lattice : fcc)

面の対角線の長さは $\sqrt{2}a = 4r$,

$$a = 2\sqrt{2}r \text{ より,}\quad \frac{4\times 4\pi r^3/3}{a^3}\times 100 = 74.0$$

(4) 六方最密(充塡)構造 (hexagonal close packing : hcp)

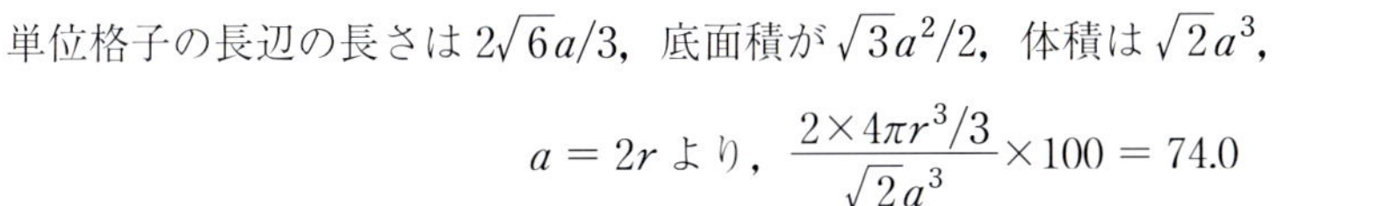

単位格子の長辺の長さは $2\sqrt{6}a/3$, 底面積が $\sqrt{3}a^2/2$, 体積は $\sqrt{2}a^3$,

$$a = 2r \text{ より,}\quad \frac{2\times 4\pi r^3/3}{\sqrt{2}a^3}\times 100 = 74.0$$

これらの結果を表 4.1 にまとめた.

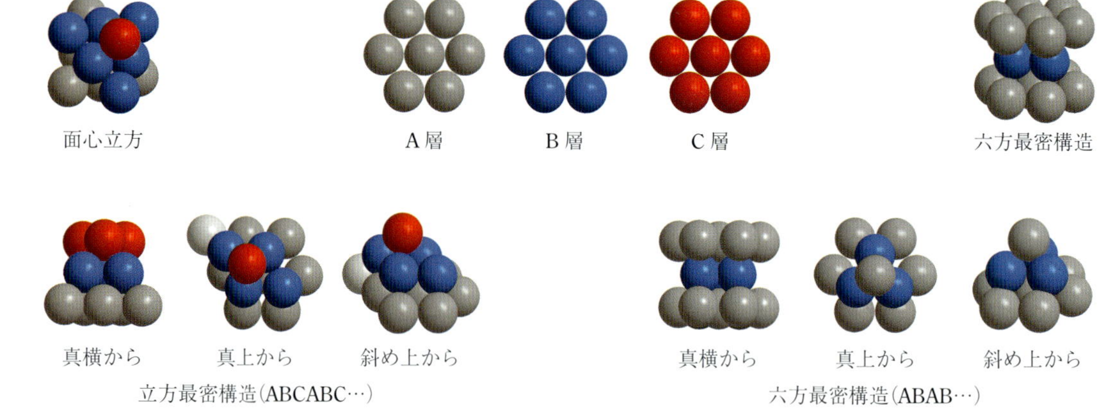

図 4.5 球をもっとも密に隙間なく並べた最密充塡構造

面心立方格子と六方最密構造はいずれも充塡率が 74.0% になっているが，これは同じ大きさの球をもっとも密に詰め込んだ場合の値になっている．この意味で面心立方格子を立方最密（充塡）構造（cubic close packing : ccp）ともいう．実は，図 4.4(c) の面心立方格子の単位格子をいくつか並べて，斜めの対角線方向から見ると，図 4.4(d) の六方最密構造と似た構造が現れる．このようすを図 4.5 に示した．同じ大きさの球を隙間なく並べて A 層をつくり，その上に球の中心位置をずらして A 層のくぼみに，やはり球を隙間なく並べて B 層をつくる．第 3 層として球を隙間なく並べるときに，球の中心を A 層とも B 層とも異なる位置にしたのが立方最密構造（ABCABC… の積層構造），A 層と同じ位置に置いたのが六方最密構造（ABABAB… の積層構造）となる．

4.4 共有結合

4.4.1 共有結合の考え方

結合する原子どうしが電子を 1 個ずつ出し合って**共有電子対**をつくり，この共有電子対を 2 個の原子が共有することによってできる結合を**共有結合**という．2 個の水素原子 H が共有結合で水素分子 H_2 を形成する例を図 4.6 に示した．水素原子どうしが近づくと，1s 電子軌道が重なり合い，水素原子のそれぞれの電子が共有されて共有電子対となる．この共有電子対を 2 個の水素原子が共有することによって 1 つの共有結合が生み出されることになる．2 個の水素原子はどちらも相手から電子を 1 個借りてきて，見かけ上，1s 軌道に電子が 2 個入っている $(1s)^2$ の電子配置になっている．この $(1s)^2$ はヘリウム原子と同じ貴ガス型（閉殻）電子配置構造であり，非常に安定である．このようにお互いに電子を 1 個ずつ出し合い，共有電子対を形成することによって，分子全体が安定化するのが共有結合である．

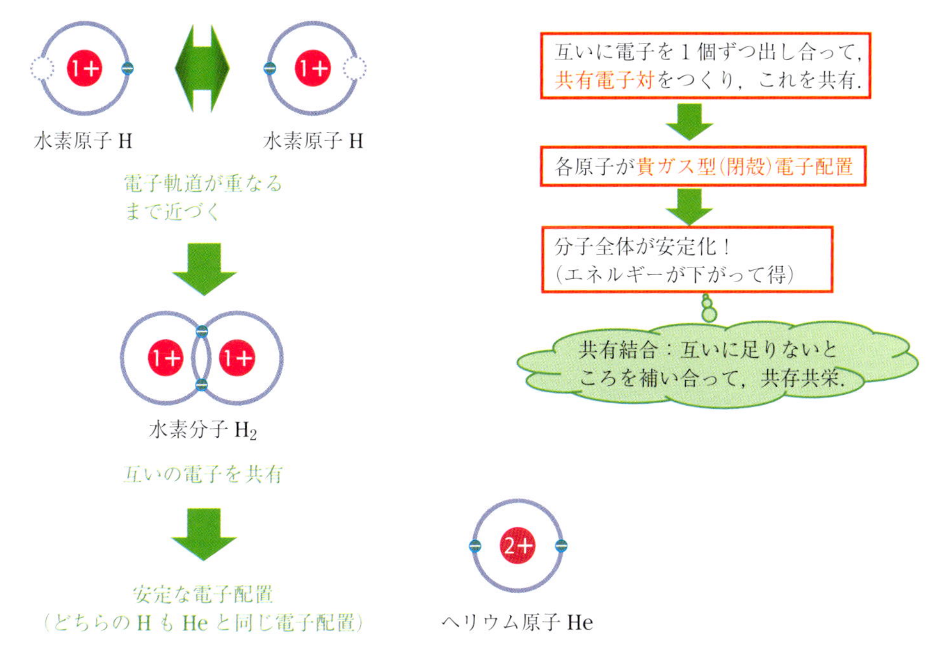

図 4.6　水素分子における共有結合

4.4.2　電子式と構造式

共有結合を簡便に書き表す方法には**電子式**と**構造式**がある．

電子式は図 4.7 のように，次のルールで元素記号の周囲に最外殻電子を点で示した式である．

- 最外殻（主量子数 n が最大の軌道）に入っている電子のみを描く
- 電子は点（・）で，上下左右 4 カ所に，順に描いていく
- 電子数は最大 8 個のオクテット則に従う

オクテット則：第 2, 3 周期の原子が安定な分子やイオンを形成するとき，安定である貴ガス型（閉殻）電子配置構造をとり，最外殻の電子は 8 個になる（水素やヘリウムは第 1 周期の元素なので，最外殻の電子は 2 個で安定となる）．

このときにできた最外殻の電子 2 個のペアを**電子対**，最外殻軌道で電子対を形成していない単独の電子を**不対電子**と呼ぶ．

図 4.8 には，電子式を用いた原子間の共有結合を示した．結合する原子どうしが不対電子を 1 個ずつ出し合って共有電子対をつくり，2 個の原子が共有することによって共有結合ができている．電子式では共有電子対 1 組が共有結合 1 つに対応している．たとえば水分子 H_2O の場合，OH の結合では，H 原子と O 原子がそれぞれ 1 個ずつ不対電子を出し合って共有電子対をつくり，これを共有することによって共有結合が 1 つ（単結合）できている．2 個の H 原子はどちらも見かけ上，最外殻が $(1s)^2$ の安定な貴ガス型（閉殻）電子配置をとっている．また，O 原子は最外殻に 8 個の電子が入っている $(2s)^2(2p)^6$ の貴ガス型電子配置をとってやはり安定になっている．このよ

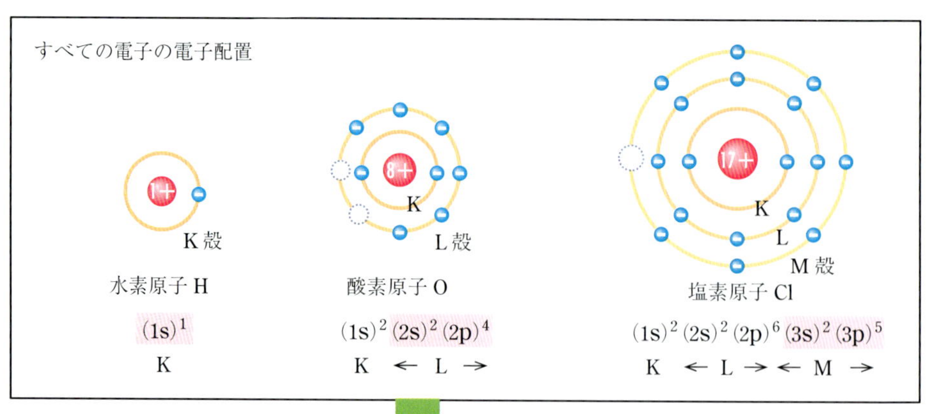

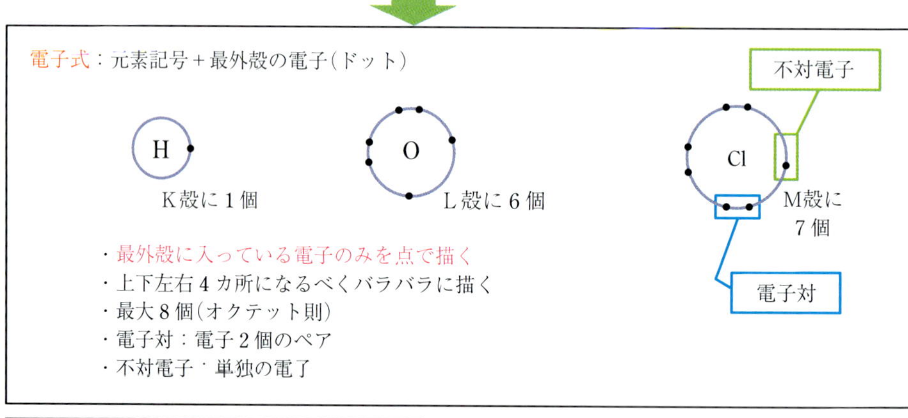

電子式の例

H·　He:

·Ċ·　·N̈·　:Ö·　:F̈·　:N̈e:

·Ṡi·　·P̈·　:S̈·　:C̈l·　:Ä̤r:

図 4.7　電子式

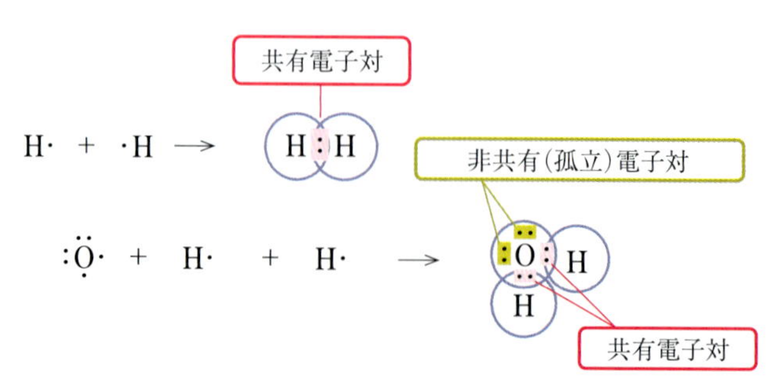

図 4.8　電子式による共有結合

うに，電子の貸し借りによって，見かけ上，H は He と同じ電子配置，O は Ne と同じ電子配置になるので，水分子全体が安定化することになる．なお O 原子の最外殻のうち，共有電子対に関与しない残りの 2 組の電子対は，原子間で共有されずに孤立したままである．このように結合に関与しない電子対を**非共有電子対**（**孤立電子対**）という．

電子式で共有電子対 1 組を価標（−）で置き換えた化学式が**構造式**である．たとえば水素分子の構造式は H−H となる（図 4.9）．構造式では非共有電子対を省略してもよい．

表 4.2 中の二酸化炭素分子 CO_2 では，酸素原子 O と炭素原子 C がそれぞれ 2 個ずつ電子を出し

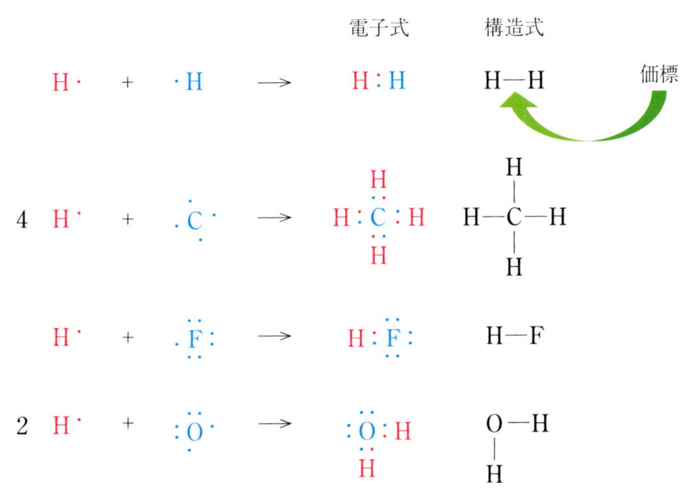

図 4.9 電子式，構造式の作り方

表 4.2 電子式と構造式（上表では，共有電子対を□で，非共有電子対を■で示した．下表ではつけていない．また構造式では非共有電子対を省略している．）

電子式	H:H	:O:H（下に H）	:O::C::O:	:N⋮⋮N:
構造式	H−H	O−H（下に H）	O=C=O	N≡N
分子式	H_2	H_2O	CO_2	N_2
化合物名	水素	水	二酸化炭素	窒素

電子式	H:C:O:H（C の上下に H）	H:C::C:H（C の上下に H）	H:C⋮⋮N:
構造式	H−C−O−H（C の上下に H）	H−C=C−H（C の上下に H）	H−C≡N
分子式	CH_3OH（示性式）	C_2H_4	HCN
化合物名	メタノール	エチレン	シアン化水素

合って，O と C の間で 2 組の共有電子対が形成されているので，OC 間では共有結合が 2 つ（二重結合）になり，原子間を 2 本の価標（＝）で表すので，構造式は O＝C＝O となる．同様に窒素分子 N_2 では，3 組の共有電子対が形成されるので，三重結合となり，構造式は N≡N となる．つまり，三重結合では，原子間を 3 本の価標（≡）で表す．

1 つの原子が他の原子との間で共有電子対をつくるために供出できる電子の数を**原子価**という．1 組の共有電子対が 1 つの共有結合に対応しているので，原子価は原子から出ている結合の手の数と考えることができる．構造式中では価標の数，すなわち最外殻中の不対電子の数が原子価に等しくなる．原子価は元素によってほぼ決まっていて，表 4.3 のようになっている．安定な分子のなかではこれらの原子価が過不足なく共有結合に使われていて，原子から出ている結合の手が余ったり不足することはない．構造式の例を図 4.10 に示した．構造式で価標を共有電子対に置き換え，非共有電子対を書き加えれば電子式が簡単に得られる．構造式，電子式がすらすら書けるようにしておこう．

「原子価」＝「結合の手の数」＝「価標（－）の数」＝「不対電子の数」

表 4.3　原子価

一番下の行が原子価である．第 3 周期の P，S，Cl のように，元素によっては複数の原子価をとるものもある．これは 3s，3p，3d 軌道のエネルギーが近接しているために，電子配置の組み替えがおきて電子の結合状態が変化するためである．

1 族	13 族	14 族	15 族	16 族	17 族
H－	－B－	－C－	1 組（非共有電子対）　－N－　－P－	非共有電子対 2 組　－O－　－S－	3 組　F－　Cl－
1	3	4	3　3，(5)	2　2，(4，6)	1　1，(3，5，7)

図 4.10 中ではエタノール，ジメチルエーテル，酢酸を C_2H_5OH，CH_3OCH_3，CH_3COOH のように価標を除いて表記している．このように物質に特徴的な性質を与える原子団のつながりで示した化学式を**示性式**という．また，図 4.10 中のエタノールとジメチルエーテルはいずれも同じ分子式 C_2H_6O になり，分子中に含まれる原子の種類と数が等しい．分子式は等しいにも関わらずエタノ

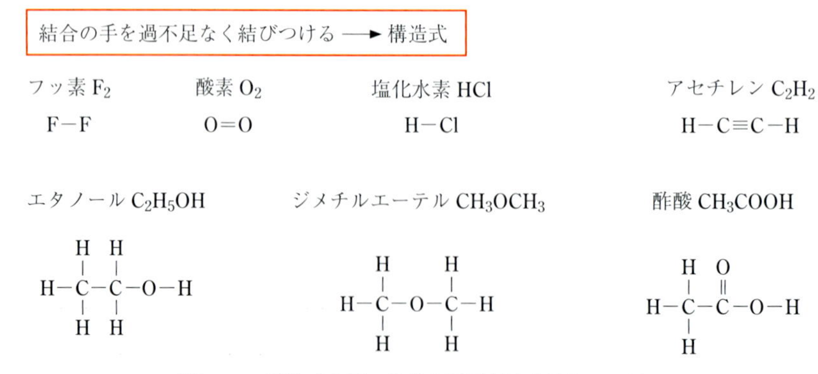

図 4.10　構造式の例．非共有電子対は省略している．

ール，ジメチルエーテルの沸点はそれぞれ，78.4℃，−23.6℃と大きく性質が異なる．このように，同じ分子式だが，結合の仕方が異なるものを互いに**異性体**という．異性体は互いに構造，性質が異なる別種の物質である．

なお，原子価は3章で学んだ価電子（原子価電子ともいう）と混同しやすいので注意すること．価電子は最外殻（通常はs軌道とp軌道のみを考える）中の電子を意味し，一般に原子価や結合などの化学的性質に深く関与する電子なのでこの名がある（その意味では，非共有電子対を除いたり，結合に参加するd電子を含めて価電子という場合もある）．1〜17族元素では，価電子数は最外殻中の電子数に等しいが，18族（貴ガス）元素の場合は，電子配置が安定で化学反応をほとんど起こさず，化合物をつくりにくいため，18族元素の価電子数は0と定義されている．

4.4.3 混成軌道

炭素原子Cの電子配置は$(1s)^2(2s)^2(2p)^2$と表すことができ，2p軌道に2つの不対電子をもっている．このことからは炭素原子Cの結合の手は2つであると考えると，水素Hと分子を形成する場合は，メチレンCH_2といった化合物を形成するものと予想される．しかし，この化合物は極めて不安定であり，周囲から水素を奪いメタンCH_4になる．このとき，炭素原子に着目すると4つの結合の手をもっていることになる．炭素原子は原子価が4であり，水素原子4つと安定な物質であるメタンを形成するというこの事実は，軌道の**混成**という新たな概念を考えるとわかり易い．メタンCH_4分子では，CH間の共有結合をつくる際に，まず炭素原子C内で図4.11(a)のように，

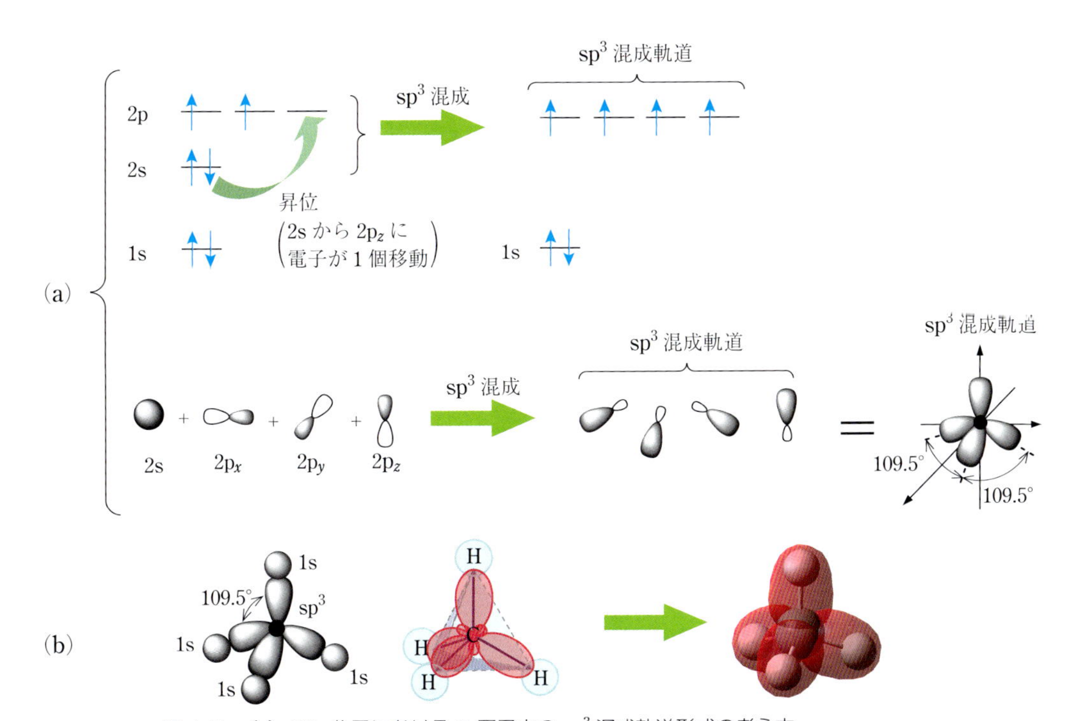

図4.11 (a) CH_4分子におけるC原子内のsp^3混成軌道形成の考え方．
(b) C原子のsp^3混成軌道とH原子の1s軌道との重なりによる共有結合．

最外殻の 2s，$2p_x$，$2p_y$，$2p_z$ の 4 つの軌道による電子配置の組み替え，再編成が起きて混ざり合い，新しい 4 つの **sp^3 混成軌道**がつくられ，これが水素原子 H の 1s 軌道と共有結合をつくると考えることができる．CH_4 分子では図 4.11(b) のように，4 つの sp^3 混成軌道は正四面体の中心にある炭素原子 C から各頂点方向に軌道がのび，水素原子 H の 1s 軌道と重なり合って共有結合をつくっている．4 つの sp^3 混成軌道を形成する過程は，2s 軌道に満たされていた 2 つの電子がよりエネルギーの高い sp^3 軌道に昇位するためにエネルギー的に不利である．しかしながら，水素原子と共有結合を形成することで，大きなエネルギーの安定化を得ることになる．そのため，2 つの共有結合をもつメチレン CH_2 よりも，4 つの共有結合をもつメタンの方がはるかに安定となる．

同様にして，アンモニア分子 NH_3 と水分子 H_2O も最外殻の 2s，$2p_x$，$2p_y$，$2p_z$ の 4 つの軌道による電子配置の組み替え，再編成が起きて，4 つの sp^3 混成軌道をもっている．このうち，非共有電子対で占有されている混成軌道（NH_3では 1 つ，H_2O では 2 つ）は結合に関与できない．残りの混成軌道中の不対電子が水素の不対電子と結合し，NH_3 は三角錐型，H_2O は折れ線型の分子構造になる（図 4.12）．

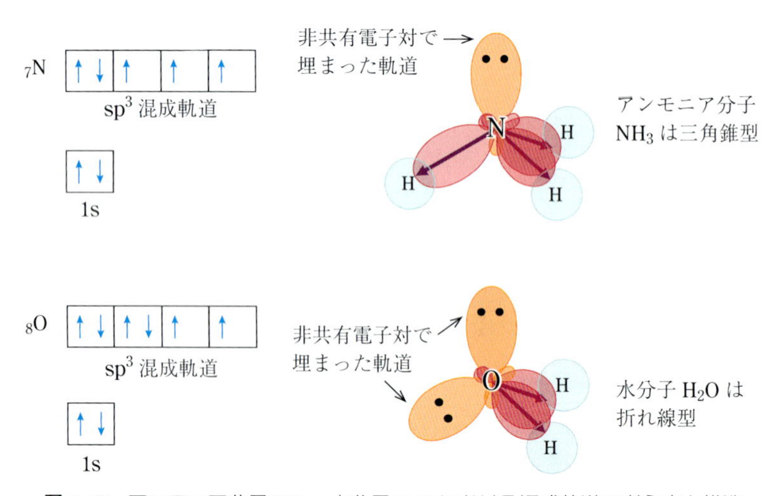

図 4.12　アンモニア分子 NH_3，水分子 H_2O における混成軌道の考え方と構造

エチレン C_2H_4 では，まず炭素原子 C 内で図 4.13(a) のような電子配置の組み替え，再編成が起き，2s，$2p_x$，$2p_y$ 軌道が混ざり合って 3 つの新しい **sp^2 混成軌道**がつくられる．sp^2 混成軌道は，平面上で互いに 120° の角度をなしている．C_2H_4 分子では図 4.13(b) のように，2 つの炭素原子 C の合計 6 個の sp^2 混成軌道が，水素原子 H の 1s 軌道や隣の炭素原子 C の sp^2 混成軌道と重なり合って 5 つの共有結合をつくっている．この 5 つの共有結合は結合する原子間の結合軸方向に軌道が広がっている．このような結合を **σ（シグマ）結合**という．σ 結合は軌道の重なりが大きく強い結合になる．sp^2 混成軌道の形成に参加しなかった炭素原子 C の $2p_z$ 軌道は図 4.13(c) のように分子平面とは垂直方向に広がりをもち，隣の炭素原子 C の $2p_z$ 軌道とわずかに重なり合った **π（パイ）**

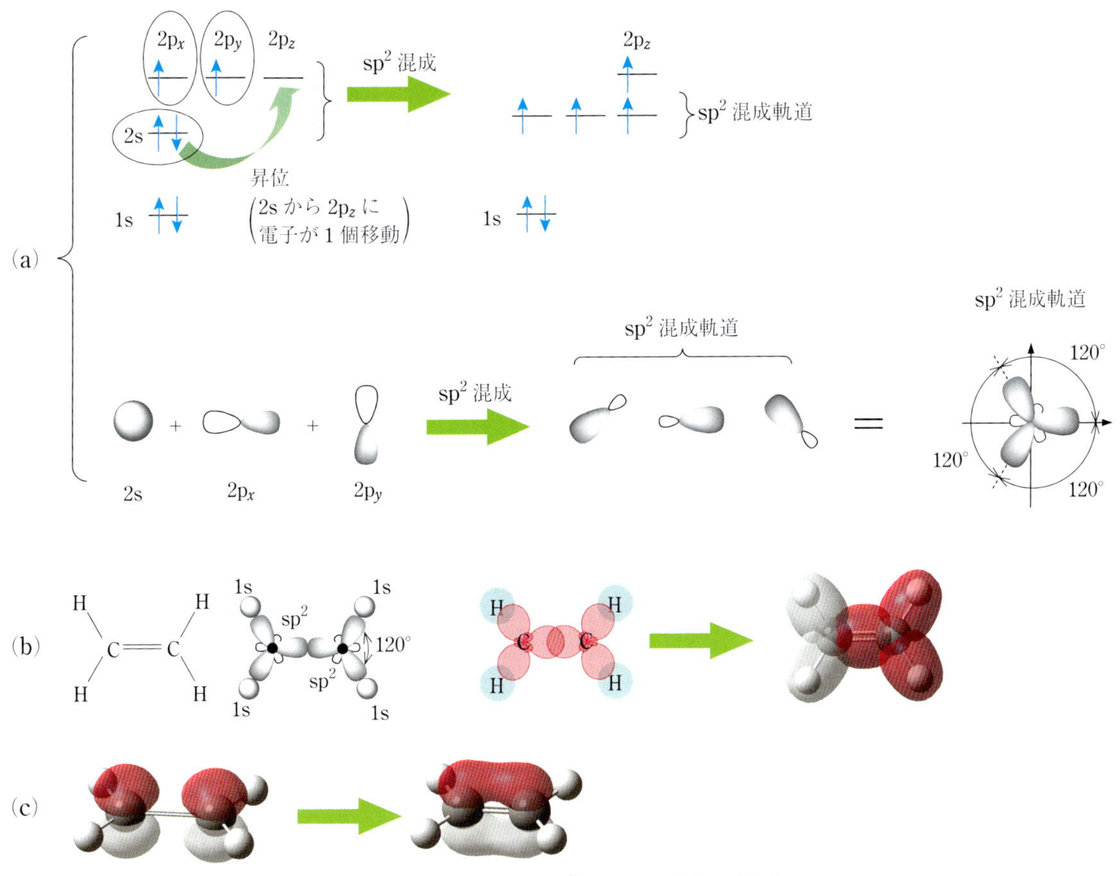

図 4.13 (a) C_2H_4 分子における C 原子内の sp^2 混成軌道形成の考え方.
(b) C 原子の sp^2 混成軌道と H 原子の 1s 軌道との重なりによる共有結合 (σ 結合).
(c) $2p_z$ 軌道間の重なりによる共有結合 (π 結合).

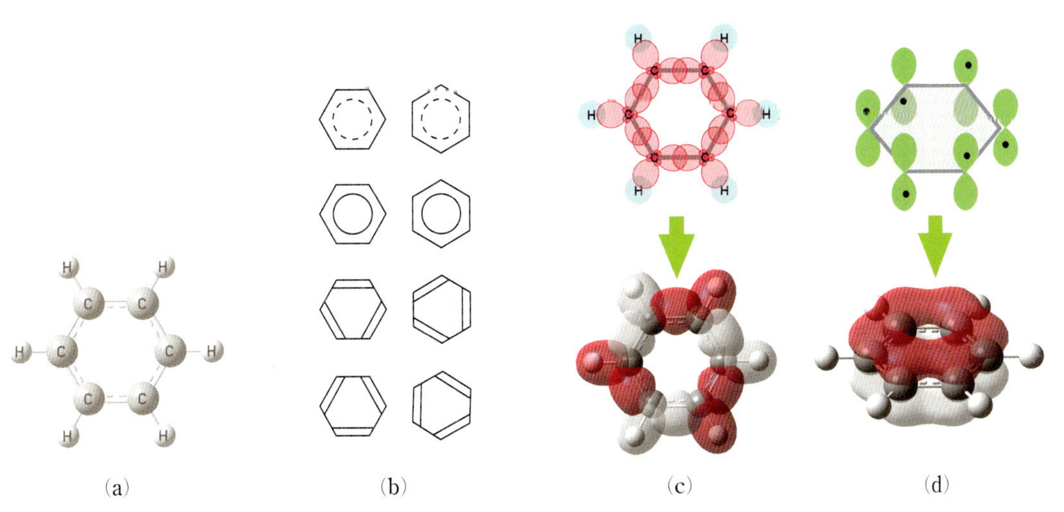

図 4.14 (a) ベンゼン C_6H_6 分子. (b) ベンゼンのいろいろな略記方法.
(c) ベンゼン C_6H_6 分子における sp^2 混成軌道. (d) ベンゼンの $2p_z$ 軌道.

結合と呼ばれる比較的に弱い共有結合を形成する．したがって炭素原子間の二重結合のうち 1 つはこの π 結合であり，もう 1 つが sp^2 混成軌道の重なりによる σ 結合になっている．

ベンゼン C_6H_6 もエチレンと同様に sp^2 混成軌道をもつ分子の例である．まず，すべての炭素原子 C が sp^2 混成軌道を形成する．各炭素の 3 つの sp^2 混成軌道のうち，2 つが隣の炭素原子 C の sp^2 混成軌道と σ 結合を形成し，残りの 1 つの sp^2 混成軌道は水素原子 H の 1s 軌道と σ 結合を形成する［図 4.14(c)］．sp^2 混成軌道の形成に参加しなかった炭素原子 C の 6 つの $2p_z$ 軌道は，エチ

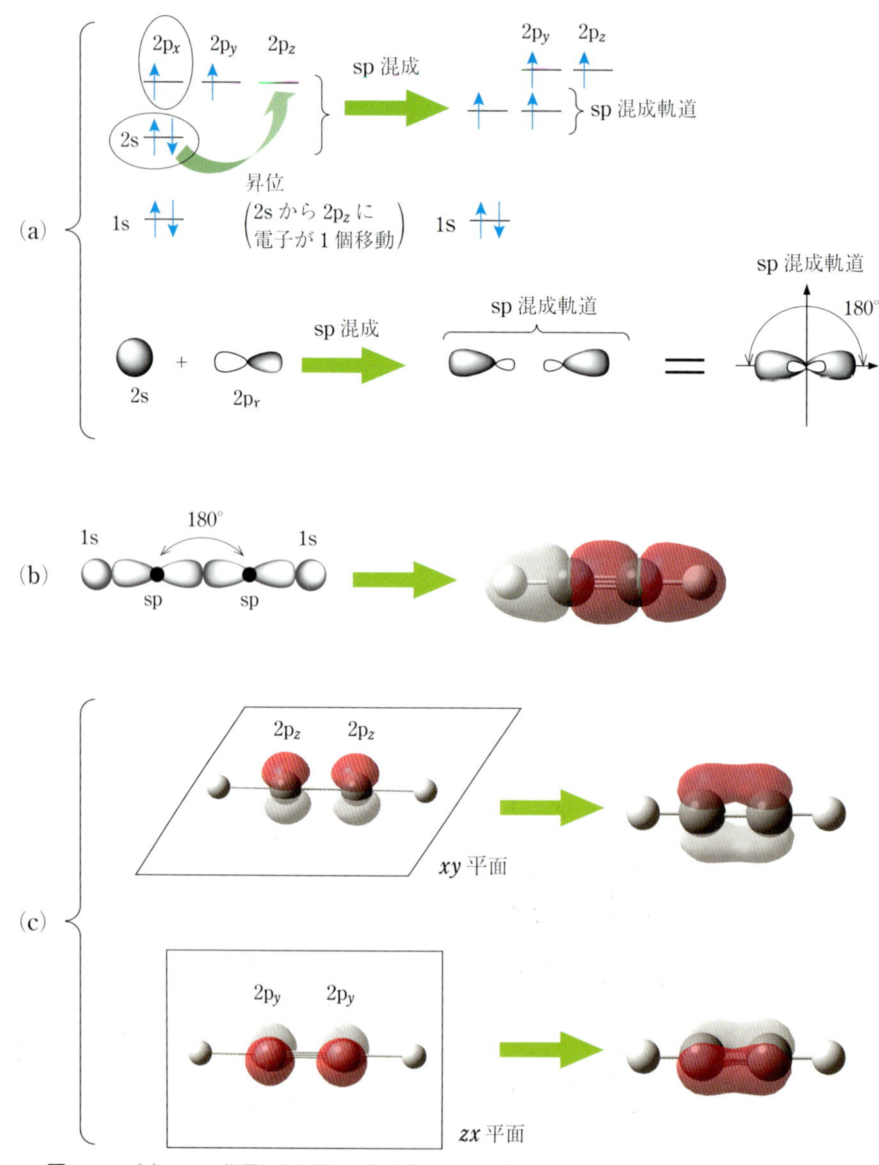

図 4.15 (a) C_2H_2 分子における C 原子内の sp 混成軌道形成の考え方．
(b) C 原子の sp 混成軌道と H 原子の 1s 軌道との重なりによる共有結合 (σ 結合)．
(c) $2p_z$，$2p_y$ 軌道間の重なりによる共有結合 (π 結合)．

レンの $2p_z$ 軌道と同じように π 結合を形成する［図 4.14(d)］．そのため，炭素原子 C は正六角形の構造になる．

エチレンの π 軌道では，π 軌道に存在する電子は 2 個の炭素原子に共有され，隣り合う炭素原子間のみを動き回っている．一方でベンゼンの π 電子は 6 個の炭素すべてに共有されており，6 個の電子が π 軌道を自由に動いている．この電子の性質の違いにより，ベンゼンの π 電子はベンゼンの性質を特徴付けるものとなっている．

また，C_6H_6 の構造式は H を省略して図 4.14(b) のように略記される場合がある．

アセチレン（H−C≡C−H）では，炭素原子内で図 4.15(a) のように，2s，$2p_x$ 軌道が混ざり合って 2 つの新しい **sp 混成軌道**がつくられる．sp 混成軌道は直線状になっていて，水素原子 H の 1s 軌道や隣の炭素原子 C の sp 混成軌道と重なり合って共有結合（σ 結合）をつくっている．sp 混成軌道の形成に参加しなかった炭素原子 C の $2p_z$，$2p_y$ 軌道がそれぞれ xy 平面，zx 平面の上下で共有結合（π 結合）を形成する．したがって，炭素原子間の三重結合のうち 2 つが π 結合であり，1 つが sp 混成軌道による σ 結合になる．

その他，d 軌道が関与した混成軌道もあり，無機物質の錯体や錯イオンの立体構造を考える際に重要である．

4.4.4 共有結合の結晶（共有結合結晶）

結晶の構成原子がすべて共有結合だけで結ばれて，全体が 1 つの巨大な分子のようになっている結晶を**共有結合結晶**（共有結合性結晶）という．共有結合は強力な結合であるため，共有結合でできた共有結合結晶は，非常に硬く，融点，沸点も極めて高くなる．典型的なダイヤモンドでは，正四面体の中心にある炭素原子が，頂点に位置する炭素原子 4 個と共有結合していて，この正四面体が次々と繰り返された立体構造をとっている［図 4.16(a)］．ケイ素 Si やゲルマニウム Ge の単体，炭化ケイ素 SiC，二酸化ケイ素（石英，水晶）SiO_2［図 4.16(b)］，窒化ホウ素 BN なども共有結合結晶になる．半導体の材料として重要な Si や Ge の単体結晶はダイヤモンドなどに比べると，融点，沸点は低くかなり軟らかくなっている．

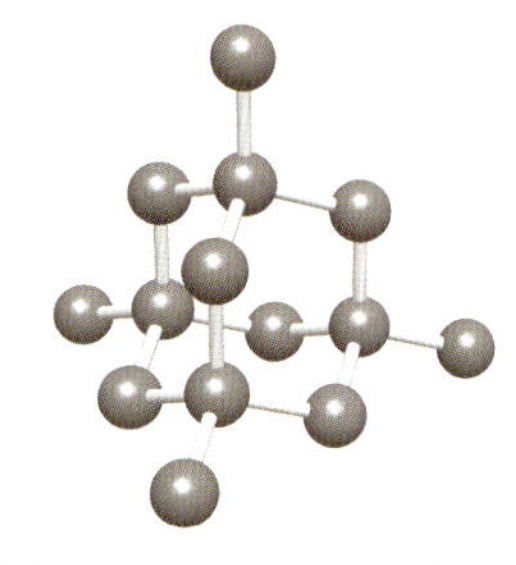

(a)　ダイヤモンドの結晶

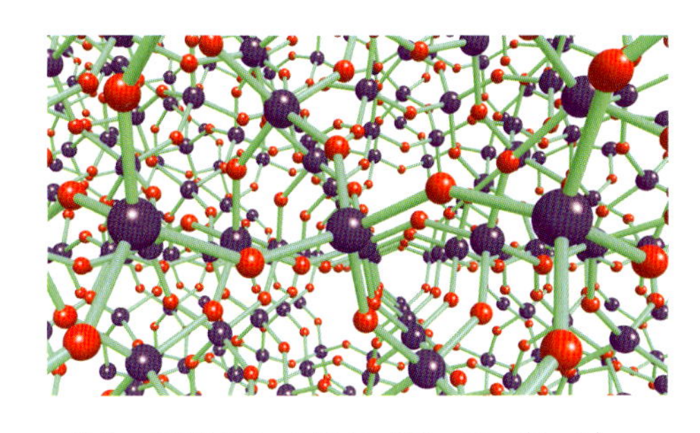

(b)　石英 SiO_2 の結晶（紫：Si，赤：O）

図 4.16　共有結合結晶の例

4.5 配位結合

図 4.17 のようにアンモニア NH_3 の水溶液中では，NH_3 の分子中の非共有電子対を使って電子をもたない水素イオン H^+ との間に結合をつくり，アンモニウムイオン NH_4^+ が生じる．

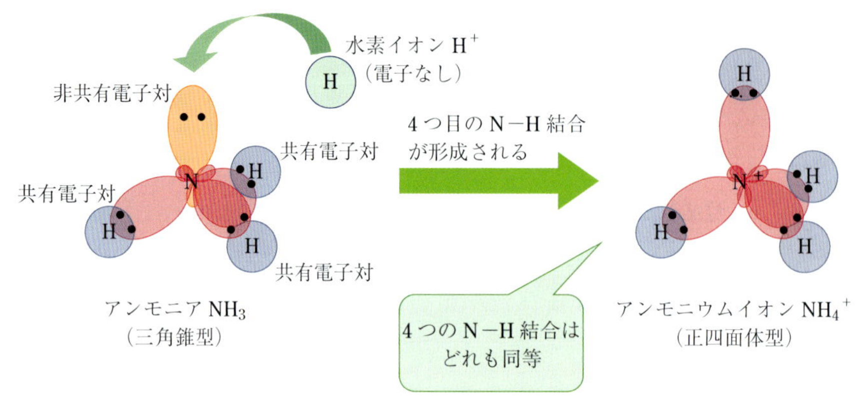

図 4.17　アンモニアの配位結合

この反応を電子式で書き表すと次式のようになる．

同様に，水の H_2O 分子も分子中の非共有電子対を使って電子をもたない水素イオン H^+ との間に次式のように結合をつくり，オキソニウムイオン H_3O^+ が生じる．

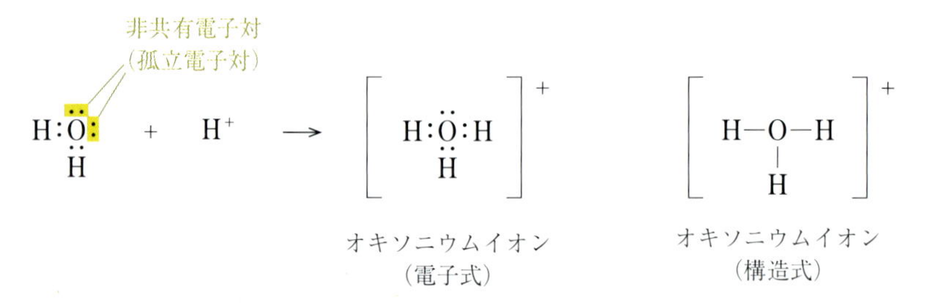

このように共有電子対の 2 個の電子が一方の原子の非共有電子対からのみ供給される共有結合を**配位結合**という．H_3O^+ の 3 つの O−H 結合や，NH_4^+ の 4 つの N−H 結合はすべて等価で，配位結合と他の共有結合の間に差異はない．つまり配位結合ができた後では，どれが配位結合であったかは区別がつかず，すべてが等価な共有結合になる．配位結合は遷移金属イオンがつくる錯体や錯イオンで重要な役割を担っている．

なお，H_2O 分子中の 2 組の非共有電子対のうち，水素イオン H^+ と配位結合するのはふつう 1 組だけである．これは，H_2O 分子中の 2 組の非共有電子対に 2 個の水素イオン H^+ が配位結合し

た H_4O^{2+} は，電荷のバランスが悪すぎて安定には存在できないからである．

4.6 分子の極性

3章で学んだように，原子が電子を引きつける強さは元素ごとに異なり，その尺度として電気陰性度が定義されている．分子のなかでは電気陰性度の大きな原子に電子が引き寄せられ，分子全体に電荷の偏（かたよ）りが生じる場合がある．このような現象を**分極**，分子内に生じた電荷の偏りを極性，極性をもつ分子を**極性分子**という（1つの結合のなかでの電荷の偏りを極性という場合もある）．原子間の電気陰性度の差が大きいと極性も大きくなる．たとえば塩化水素分子 HCl では，H よりも Cl の方が電気陰性度が大きいため，次式のように共有電子対は Cl 側に少しだけ引き寄せられる．その結果，Cl 原子はわずかに負の電荷を帯び，H 原子はわずかに正の電荷を帯びることになる．また，水素分子 H_2 のように分子全体で電荷の偏りがない分子を**無極性分子**という．

$$\underset{\delta+}{\mathrm{H}}\ :\!\rightarrow\!\underset{\delta-}{\mathrm{Cl}}$$

［δ（デルタ）は微小量を表す］

図 4.18 のように，原子間の電気陰性度の差だけではなく，分子の形も極性か無極性かを決める要因になる．水素 H_2，酸素 O_2，塩素 Cl_2 のような2原子からなる単体分子は，同じ原子が結合しているので，電気陰性度が等しく電荷の偏りがない無極性分子になる．二酸化炭素 CO_2 分子の場合は，1つの C=O 結合だけ取り出して考えれば，共有電子対がわずかに O 原子側に引き寄せられ，O 原子は負の電荷を帯び，C 原子は正の電荷を帯びることになる．しかし，もう1つの C=O 結合も同程度の電荷の偏りが生じており，CO_2 分子は直線形になっているので，分子全体では正の電荷の中心と負の電荷の中心が一致して無極性になっている．メタン CH_4 も正四面体構造の分子になっているので，やはり分子全体の電荷の偏りは打ち消され無極性分子になる．しかし，水 H_2O は H−O−H の角度が 104.5° の折れ線形構造になっているため，正の電荷の中心と負の電

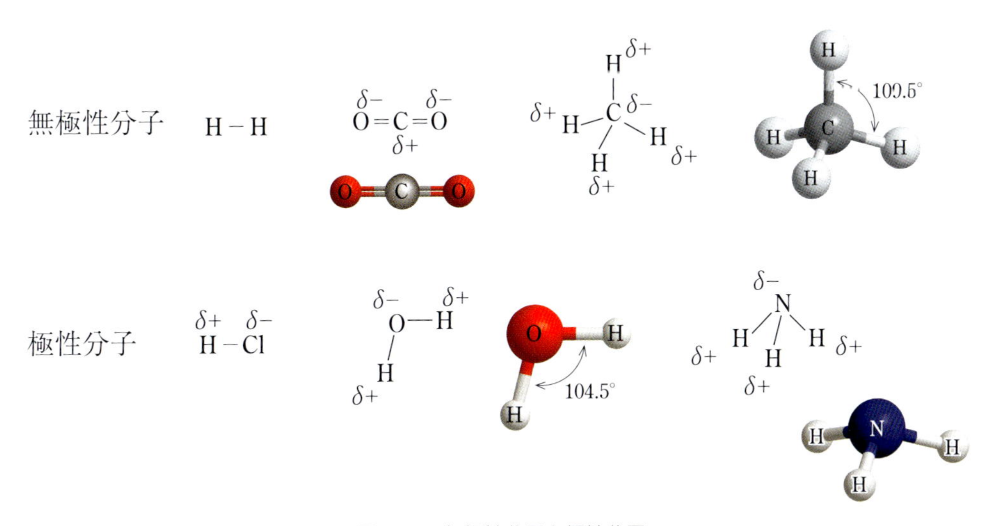

図 4.18　無極性分子と極性分子

コラム　双極子モーメント

図4.19のように，$+q$ の電荷と $-q$ の電荷が距離 $r = |\vec{r}|$ だけ離れて存在するとき，ベクトル量の双極子モーメントは $\vec{\mu} = q\vec{r}$ で定義される．分子内のすべての双極子モーメントを合成した全双極子モーメントの大きさが0でない場合，その分子は極性をもつことになる．たとえば，HClでは，H ← Clの双極子モーメントが発生している．直線形の CO_2，正四面体型の CH_4 では，各結合で O → C，C → H の双極子モーメントが発生しているが，分子全体で考えると，これらの双極子モーメントは打ち消されて全双極子モーメントの大きさが0となり，無極性分子になる．しかし H_2O，NH_3 では各結合でできた O → H，N → H の双極子モーメントが分子全体でも打ち消されずに，全双極子モーメントの大きさが0ではないので，極性分子になる．そして，この双極子モーメントの大きさからどれくらい分子が分極しているのかということがわかる．たとえば，HClの結合距離と双極子モーメントの大きさはそれぞれ，$r = 1.28 \times 10^{-10}$ m，$|\vec{\mu}| = 3.70 \times 10^{-30}$ C m と知られている（Cは電荷の単位であり，クーロンと呼ばれる）．双極子モーメントの大きさ $|\vec{\mu}|$ を電荷間距離（結合距離）r で割れば，電荷 δ を求めることができる．そして，電子1個がもつ電荷である電気素量 e（1.60×10^{-19} C）と比較すれば，塩化水素分子中での電荷分布の偏りがわかる（$\delta/e = 1$ ならば完全なイオンになる）．

$$\delta = \frac{|\vec{\mu}|}{r} = \frac{3.70 \times 10^{-30}}{1.28 \times 10^{-10}} = 2.89 \times 10^{-20}\ \mathrm{C}$$

$$\frac{\delta}{e} = \frac{2.89 \times 10^{-20}}{1.60 \times 10^{-19}} = 0.18$$

よって，HCl分子では，18％ほど電荷の分布に偏り（イオン結合性が18％，共有結合性が82％）があることがわかる．

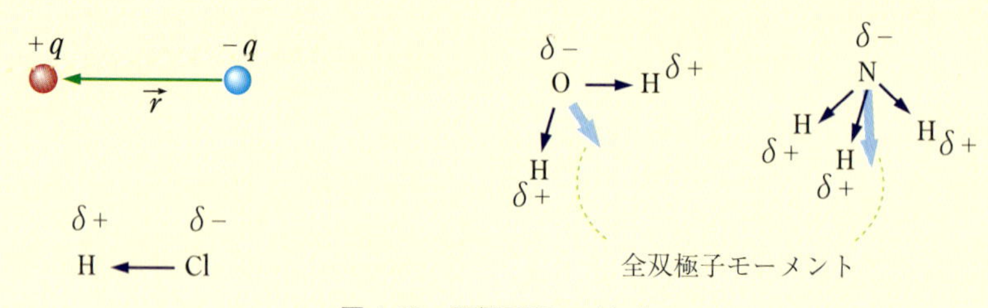

図4.19　双極子モーメント

荷の中心がずれて極性をもつようになる．アンモニア NH_3 の場合も同様に電荷の偏りは打ち消されずに極性分子になる．このように原子間の電気陰性度の差と分子の形の両方で極性か無極性かが決まり，正の電荷の中心と負の電荷の中心が一致すれば無極性，ずれていると極性をもつようになる．

4.7　分子間力

電気的に中性な分子の間に働く弱い引力のことを一般に**分子間力**という（広い意味で**ファンデルワールス力**という場合もある）．分子間力は，あくまでも分子と分子の間の相互作用であり，分子のなかにある原子どうしを結びつける共有結合とは異なることを頭に入れておこう．常温，常圧で気体になっている酸素，二酸化炭素などの分子，あるいは単独の原子で安定に存在している貴ガスも，冷却や圧縮によって液化したり固体になったりするのは，分子や貴ガス原子の間に分子間力がはたらいて凝集するからである（図4.20）．

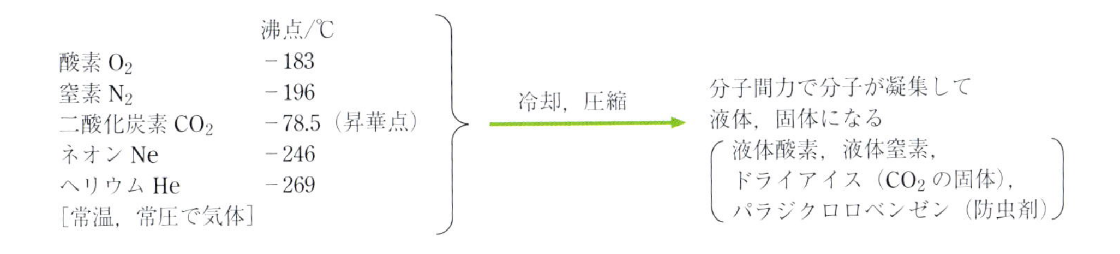

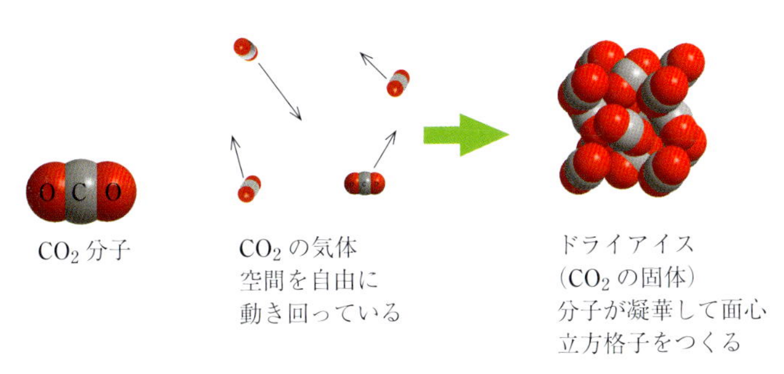

図 4.20　分子間力による凝集

電気的に中性な分子の間に分子間力がはたらく要因には次のようなものがある．

(1)　分子内に電荷の偏りのある極性分子どうしの場合，プラスとマイナスの電荷の偏りの間に引力が発生して比較的強い分子間力になる．

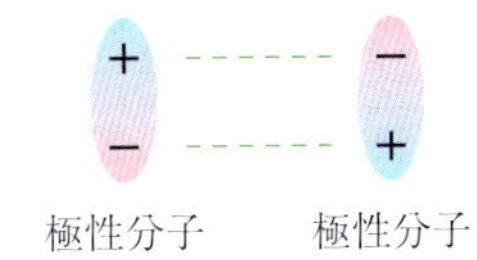

(2)　極性分子が近づくと，無極性分子に電荷の偏りが誘起され，引力が発生する．極性分子どうしの引力に比較して弱い分子間力になる．

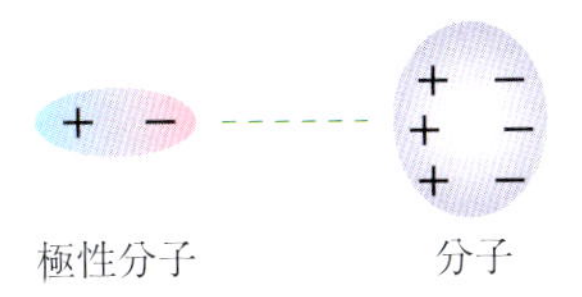

(3)　電子が分子内を動き回って生じる瞬間的な電荷の偏りが，わずかな引力を発生する．無極性分子間でもはたらく非常に微弱な分子間力である（この分子間力を特に**分散力**という．分散力の一部を狭義の**ファンデルワールス力**という場合もある）．

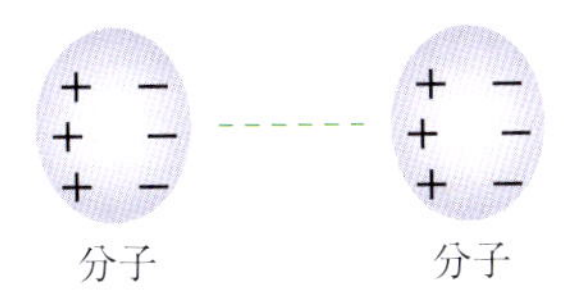

分子間力によって分子が弱く結合してできた結晶を**分子結晶**という．分子間力は非常に弱く，共有結合の 1/100 程度の強さである．このため，分子結晶は軟らかく，融点，沸点も一般に低くなる．また，分子間には電子の移動が生じないので，電気伝導性はない．分子結晶には，酸素 O_2，窒素 N_2，二酸化炭素 CO_2 などの常温で気体の物質以外にも，ヨウ素 I_2，ナフタレン $C_{10}H_8$，パラ

ジクロロベンゼン $C_6H_4Cl_2$ などが知られ，昇華性を示す物質が比較的に多い（昇華：液体を経ることなく，固体から気体へと直接変化する状態変化．図 6.1 参照）．

4.8 水素結合

電気陰性度が特に大きい F, O, N などの元素と水素 H を含む分子どうしが，水素原子を間に挟む形で分子間力によって結合する場合，比較的強い結合になることがある．この結合を他の結合と区別して，特に**水素結合**と呼ぶ．たとえば水分子 H_2O では，電気陰性度の大きな O 原子によって極性がもともと大きくなっている．加えて，O 原子に電子をほとんど奪われかけて正の電荷をもつ H 原子が，隣の分子の O 原子にある非共有電子対に向かって配位結合する傾向が出てくる．その結果，H_2O 分子間の引力が強まり，図 4.21 の点線のような水素結合ができる．水素結合は，分子間力による結合と配位結合の中間の性質をもつことになるので，水素結合の強さは他の分子間力の 10 倍程度，共有結合の 1/10 程度になり，融点，沸点も類似化合物に比べるとかなり高くなる．たとえば，常温，常圧で硫化水素 H_2S は気体であるのに対して，水 H_2O は水素結合によって液体になっている．また氷の結晶では水素結合によって，H_2O 分子がピラミッド状に並んでダイヤモンドと似た結晶構造をとる．この結果，氷は他の分子結晶には見られないほど硬い結晶になっている．水素結合はタンパク質や DNA の立体構造に深く関与し，生命現象ではきわめて重要な役割を果たしている．

H－F…H－F…H－F…　　$H_2O \cdots H_2O \cdots H_2O \cdots$　　$NH_3 \cdots NH_3 \cdots NH_3 \cdots$

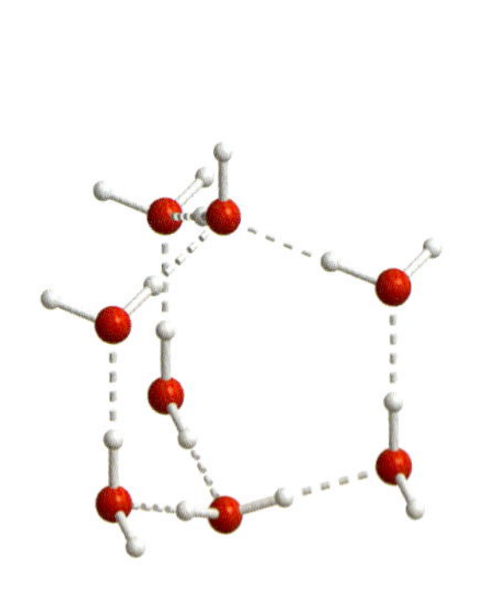

氷の結晶
H_2O 分子がピラミッド状に並んだ，硬い結晶
（ダイヤモンドと似た結晶）

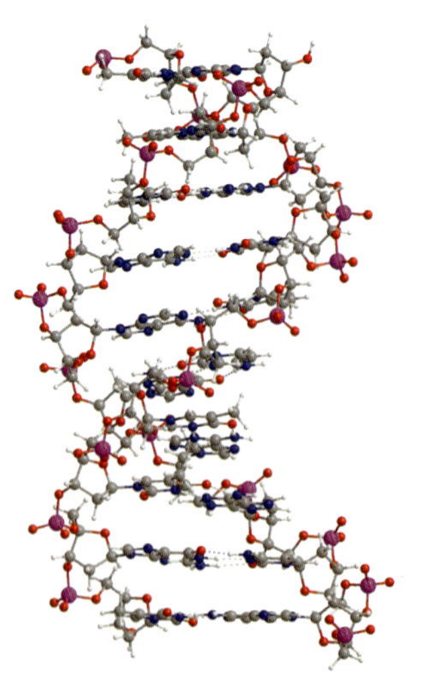

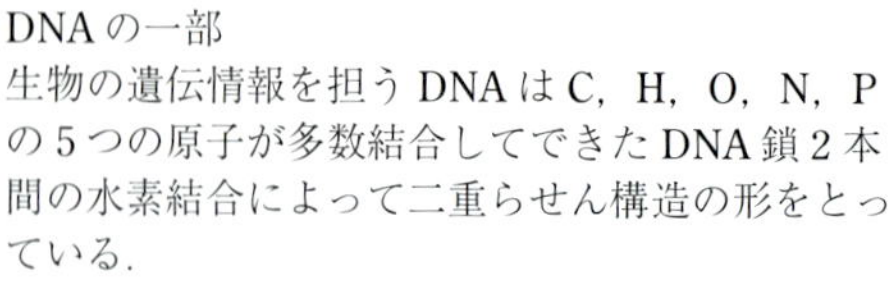

DNA の一部
生物の遺伝情報を担う DNA は C，H，O，N，P の 5 つの原子が多数結合してできた DNA 鎖 2 本間の水素結合によって二重らせん構造の形をとっている．

図 4.21　水素結合の例

要点のまとめ

結晶の分類	金属結晶	イオン結晶	共有結合結晶	分子結晶
物質例	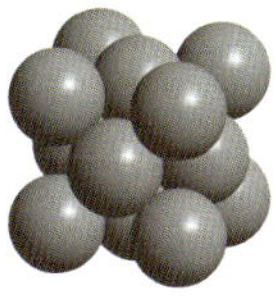 アルミニウム Al 鉄 Fe 金 Au	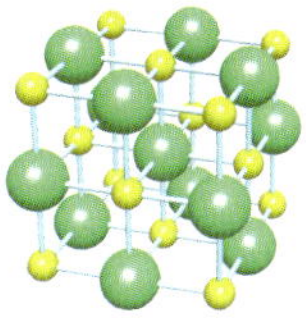 塩化ナトリウム NaCl 酸化亜鉛 ZnO	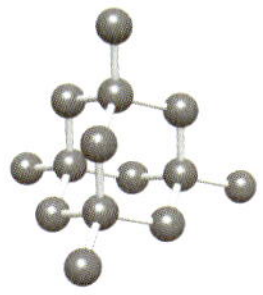 ダイヤモンド C 二酸化ケイ素 SiO_2 （石英，水晶）	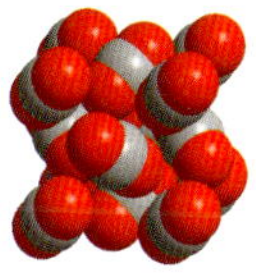 ドライアイス CO_2 ヨウ素 I_2 ナフタレン $C_{10}H_8$
構成要素	金属陽イオンと自由電子	陽イオンと陰イオン	原子（巨大分子）	分子
結合の種類	**金属結合** 自由に動き回っている電子が結晶全体に共有される	**イオン結合** クーロン引力	**共有結合** 原子間で共有電子対を共有	**分子間力** （分子内の原子は共有結合） 分子間に働く弱い引力
融点・沸点	一般に高い	非常に高い	極めて高い	低い
電気伝導性	あり	なし（固体） あり（液体）	なし	なし
機械的性質	硬い 延性，展性がある	硬くてもろい	極めて硬い	軟らかい

配位結合：共有電子対の2個の電子が一方の原子の非共有電子対からのみ供給される共有結合．

水素結合：電気陰性度の大きな原子（F, O, N など）と水素を含む分子どうしが，水素原子を間に挟む形で生じる結合．

極性：分子内に生じた電荷の偏り．極性か無極性かは，原子間の電気陰性度の差と，分子の形の両方で決まる．

電子式：元素記号の周囲に最外殻電子を点で示した式．

電子数は最大8個のオクテット則に従う．

構造式：電子式で共有電子対1組を価標（－）で置き換えた化学式．

例題 1 次の分子を電子式と構造式で描きなさい．

(a) H_2O　(b) F_2　(c) NH_3　(d) CO_2

解答 以下のとおりとなる．

	(a)	(b)	(c)	(d)
電子式	$\ddot{\underset{\cdot\cdot}{O}}$:H（下に H）	:$\ddot{\underset{\cdot\cdot}{F}}$:$\ddot{\underset{\cdot\cdot}{F}}$:	H:$\ddot{N}$:H（下に H）	:$\underset{\cdot\cdot}{O}$::C::$\ddot{O}$:
構造式	O−H（下に H）	F−F	H−N−H（下に H）	O=C=O

ポイントは，いかに「オクテット則」を守るかにある．

(a)　酸素原子は共有電子対が2対，非共有電子対が2対で，酸素原子のまわりの電子は8個になる．

(b)　フッ素原子は価電子が7個である．よって，各原子が1個ずつ電子を出し合って共有電子対を1対つくり，残りの電子は非共有電子対とすることで，両方の原子が8個ずつ電子をもつことになる（分子内には非共有電子対は合計で6対あることになる).

(c)　窒素原子はもともと非共有電子対が 1 対と不対電子が 3 個ある．この不対電子が 3 つの水素原子の不対電子と共有電子対をつくり，3 対の共有電子対ができあがる．窒素原子上に残った電子対は非共有電子対として存在することになる．

(d)　炭素が不対電子を 4 つもっていることからはじまる．酸素原子は電子対が 2 対と不対電子が 2 個ある．1 つの酸素原子からの不対電子 2 個と，炭素の不対電子 2 個とで，共有電子対を 2 対つくる．もう一方の酸素原子も同じことをする．そうすると炭素原子からみると，共有電子対が 4 対（合計電子 8 個）あることになり，「オクテット則」を守ることができる．酸素原子からは，非共有電子対 2 対と共有電子対 2 対でやはり合計 8 個の電子を持つことになり，これも「オクテット則」を守ることができる．なお，二酸化炭素 1 分子内には，共有電子対 4 対，非共有電子対 4 対がそれぞれ存在することになる．

構造式は，非共有電子対を省略し，共有電子対 1 対につき結合 1 つとして書けばよい．

例題 2　次の分子は，(a) 極性分子，(b) 無極性分子のどちらであるか．

（ア）メタノール　（イ）アンモニア
（ウ）酸素　（エ）二硫化炭素（CS_2）
（オ）臭素　（カ）四塩化炭素（CCl_4）
（キ）ベンゼン（C_6H_6）　（ク）酢酸

解答　(a) 極性分子：(ア)，(イ)，(ク)
(b) 無極性分子：(ウ)，(エ)，(オ)，(カ)，(キ)

（ア）　メタノールは示性式が CH_3OH である．この分子では，分子内に電荷のかたよりが生じるので極性分子である．

（イ）　アンモニアは分子式が NH_3 である．この分子は N 原子を頂点にした三角すい形をしており，やはり分子内に電荷のかたよりが生じるので極性分子である．

（ウ）　酸素は O_2 である．同じ原子の結合は，電気陰性度が同じなので，電荷のかたよりが生じない．よって無極性分子である．

（エ）　二硫化炭素（CS_2）は，二酸化炭素と同じく直線分子で炭素を中心に対称な形をしている．同じ原子がそれぞれ逆側に存在するため，電子を引っ張る力が等しく，引っ張る力が相殺されて，電荷のかたよりが打ち消しあい，分子全体として電荷の中心が一致しているので，無極性分子となる．

（オ）　臭素（Br_2）は酸素分子と同じく無極性分子である．

（カ）　四塩化炭素（CCl_4）は，メタンと同じく炭素を中心にして正四面体構造をとり，その各頂点に塩素原子が存在する．やはり二硫化炭素とは異なるが，立体的に電荷のかたよりが打ち消しあい，分子全体として電荷の中心が一致しているので無極性分子となる．

（キ）　ベンゼンは正六角形構造で，平面構造をしており，電子が非局在化して均一に分布している．よって立体的に電荷のかたよりが打ち消しあい，分子全体として電荷の中心が一致しているので無極性分子となる．

（ク）　酢酸分子は下図のような構造をしている．このため，電荷のかたよりが大きく極性分子となる．

```
    H   O
    |   ‖
H－C－C－O－H
    |
    H
```

練習問題 4

4.1　次の分子の 1 分子内に共有電子対と非共有電子対はそれぞれ何対ずつあるか．
(a) CH_4　(b) CO_2　(c) H_2O
(d) CH_3OH

4.2　次の (a)～(d) の分子はどのような形をしているか．下の (ア)～(オ) の中から，正しいものをそれぞれ答えなさい．
(a) CH_4　(b) H_2O　(c) CO_2　(d) NH_3
（ア）直線形　（イ）折れ線形　（ウ）正四面体形　（エ）三角すい形　（オ）正方形

4.3 次の分子のうち，極性分子をすべて挙げよ．

（ア）メタン　（イ）アンモニア
（ウ）水素　（エ）二酸化炭素
（オ）フッ素 F_2　（カ）エタノール C_2H_5OH

4.4 次の文章の空欄（ア）～（キ）に入る適切な語句，記号をそれぞれ答えよ．

- 金属単体の結晶は，熱を伝えやすい．これはおもに［（ア）］が熱を運ぶ役割をするからである．
- ドライアイスの結晶中で，分子間に働く力を［（イ）］力という．

（注）［（イ）］の答えは「分子間」ではない．

- 氷の中では，水分子どうしが［（ウ）］結合によって結びつき，硬い結晶をつくっている．
- 塩化マグネシウムの固体では，陽イオンの［（エ）］と陰イオンの［（オ）］が，［（カ）］結合によって結晶をつくっていて，その組成式は［（キ）］と表記される．

4.5 次の記述 (1)～(5) に該当するもっとも適切な結晶を下の（ア）～（エ）の中から1つずつ選びなさい．

(1)　もっとも融点が高いもの
(2)　もっとも融点が低いもの
(3)　もっとも硬いもの
(4)　固体状態で電気を導くもの
(5)　結晶そのものは電気を通さないが，融解すると電気を通すもの

（ア）塩化ナトリウム　（イ）ダイヤモンド
（ウ）ナフタレン　（エ）銅

4.6 一般的な結晶の性質について，下の表の空欄を埋めなさい．

結晶の種類	共有結合の結晶	イオン結晶	金属結晶	分子結晶
結合の種類				分子間力
融点，沸点			一般に高いが例外もある	
電気伝導性	ない			
物質例（2つ列挙）				

4.7 空欄を埋めて次の構造式を完成せよ．解答は下の（ア）～（カ）の中から選べ．

(a) 酸素 O_2
O［1］O

(b) フッ化水素 HF
H［2］F

(c) エチレン C_2H_4

```
    H     H
   [4]   [6]
H [3] C [5] C [7] H
```

(d) アセチレン C_2H_2
H［8］C［9］C［10］H

(e) ジメチルエーテル CH_3OCH_3

```
     H           H
   [12]        [16]
H [11] C [14] O [15] C [18] H
   [13]        [17]
     H           H
```

(f) アセトアルデヒド CH_3CHO

```
     H      O
   [20]   [23]
H [19] C [22] C [24] H
   [21]
     H
```

(g) 窒素 N_2
N［25］N

（ア）－　（イ）｜　（ウ）＝　（エ）‖
（オ）≡　（カ）⦀

4.8 空欄を埋めて次の点電子式を完成せよ．解答は下の（ア）～（オ）の中から選べ．

(a) ホルムアルデヒド HCHO

```
H [1] C [3] O [5]
     [2]   [4]
      H
```

(b) フッ化水素 HF

```
     [7]
H [6] F [9]
     [8]
```

(c) エチレン C_2H_4

```
     H      H
   [11]   [13]
H [10] C [12] C [14] H
```

(d) アセチレン C_2H_2
H［15］C［16］C［17］H

（ア）·　（イ）:　（ウ）··　（エ）::
（オ）⁞⁞

略解

4.1　共有電子対：(a) 4　(b) 4　(c) 2　(d) 5

非共有電子対：(a) 0　(b) 4　(c) 2　(d) 2

4.2　(a)（ウ）　(b)（イ）　(c)（ア）　(d)（エ）

4.3　（イ），（カ）

4.4　（ア）（自由）電子　（イ）分散（ファンデルワールス）　（ウ）水素　（エ）Mg^{2+}　（オ）Cl^-　（カ）イオン　（キ）$MgCl_2$

4.5　(1)（イ）　(2)（ウ）　(3)（イ）　(4)（エ）　(5)（ア）

4.6

結晶の種類	共有結合の結晶	イオン結晶	金属結晶	分子結晶
結合の種類	共有結合	イオン結合	金属結合	分子間力
融点，沸点	高い	高い	一般に高いが例外もある	低い
電気伝導性	ない	ない	ある	ない
物質例（2つ列挙）（一例）	ケイ素ダイヤモンド	塩化ナトリウム塩化セシウム	金，銅	氷，二酸化炭素

4.7

1（ウ）　2（ア）

3（ア）　4（イ）　5（ウ）

6（イ）　7（ア）

8（ア）　9（オ）　10（ア）

11（ア）　12（イ）　13（イ）　14（ア）

15（ア）　16（イ）　17（イ）　18（ア）

19（ア）　20（イ）　21（イ）　22（ア）

23（エ）　24（ア）　25（オ）

4.8

1（イ）　2（ウ）　3（エ）　4（ウ）

5（イ）

6（イ）　7（ウ）　8（ウ）　9（イ）

10（イ）　11（ウ）　12（エ）　13（ウ）

14（イ）

15（イ）　16（オ）　17（イ）

化学量論

化学反応では，原子・分子の数の変化に基づき，量的関係を追跡する．しかし，原子・分子の質量は極めて小さいので，われわれが通常取り扱う物質の質量から考えると，莫大な数の原子・分子を扱っていることになり，原子数，分子数ですべてを考えようとすると，非常に取り扱いにくい．そこで本章では，原子・分子など粒子の数え方として，「物質量」という考え方を導入する．物質量を用いると，第6章で触れる化学反応式の係数と併せて，化学反応に伴う量的変化を容易に把握できる．

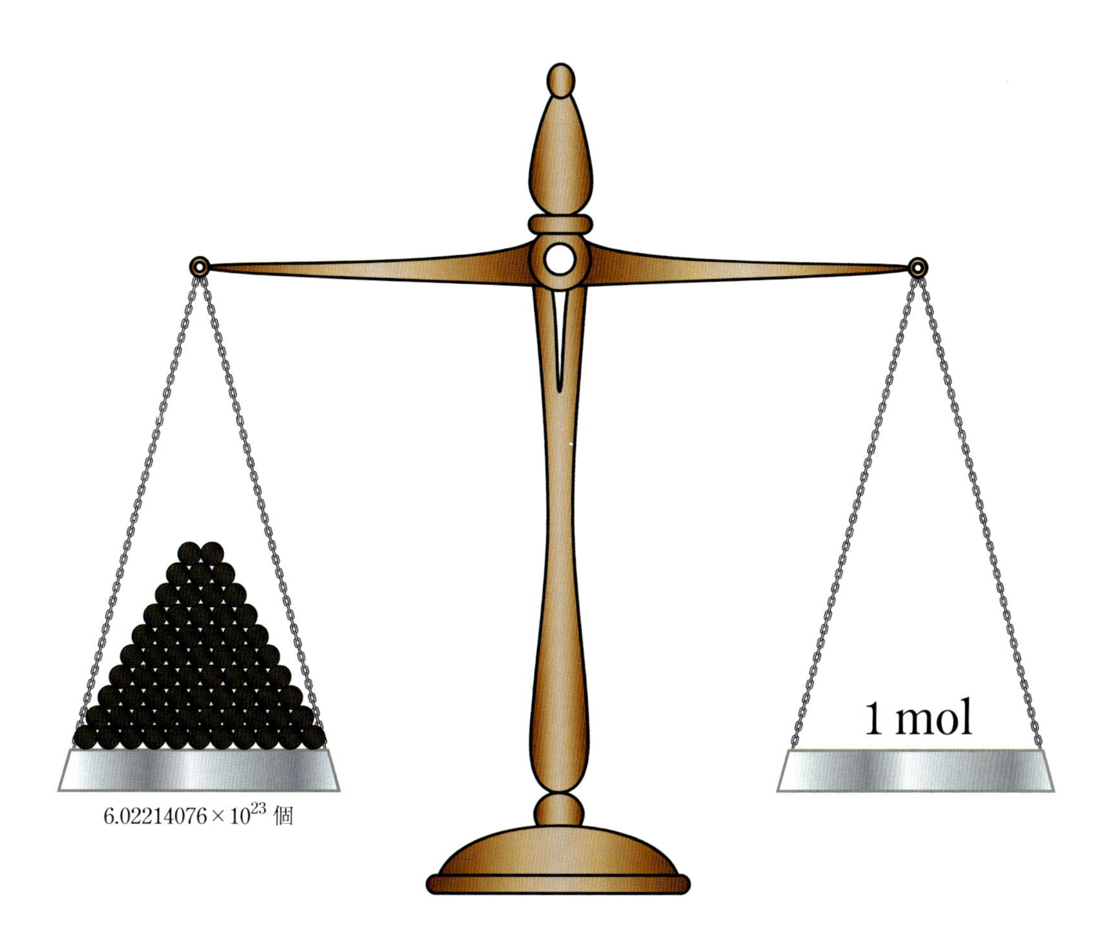

5.1 原子の相対質量

たとえば，水素原子の1個の質量は，およそ1.7×10^{-24} gである．このように原子1個の質量の値は極めて小さく，これを基準とすると，すべての計算が煩雑となり，あまりにも扱いにくい．そこで，現代科学では，^{12}C原子に着目した新しい基準が考えられた（注：単なる炭素原子ではなく，質量数12の炭素原子である）．質量数12の炭素原子（^{12}C）1個の質量を12とし，これを基準として，各原子の相対質量を決めた．

原子1個の質量は，現代科学において，すでに陽子，中性子，電子それぞれ1個の質量が正確に求められているので，その総和を計算すれば正確に得られる．陽子，中性子，電子それぞれ1個の質量は以下の通りである．

陽子　1.673×10^{-24} g

中性子　1.675×10^{-24} g

電子　9.109×10^{-28} g

したがって，^{12}C原子1個中には陽子6個，中性子6個，電子6個がそれぞれあるので，その質量の総和は2.0093×10^{-23} gとなる．ところが，実際の^{12}C原子1個の質量は1.9926×10^{-23} gであり，一致しない．この差は**質量欠損**と呼ばれ，陽子，中性子が結合した際にごく一部の質量が，相対性理論の$E=mc^2$に従ってエネルギーに変換されたために生じたものである．

前述の^{12}C原子1個の質量「1.9926×10^{-23} g」を「12」と定めて，各原子の相対質量を計算することができる．たとえば，質量数1の水素原子（^{1}H）1個の質量は，1.6735×10^{-24} gである．すると，相対質量は以下のように計算できる．

$$^{12}\text{C原子の相対質量} : {}^{12}\text{C原子の実際の質量} = {}^{1}\text{Hの相対質量} : {}^{1}\text{Hの実際の質量}$$

$$12 : 1.9926\times10^{-23} = x : 1.6735\times10^{-24}$$

この比を計算した結果，$x=1.0078$となる．このように，他の原子も同様な計算で，「原子の相対質量」が得られる．おもな原子の相対質量を表5.1に示した（相対質量は比なので，単位はない）．この「原子の相対質量」は，各原子の質量数とほぼ近い値となる．

表5.1　原子の質量，相対質量

原子	質量/g	相対質量	原子	質量/g	相対質量
^{1}H	1.674×10^{-24}	1.008	^{23}Na	3.818×10^{-23}	22.99
^{4}He	6.646×10^{-24}	4.003	^{27}Al	4.480×10^{-23}	26.98
^{12}C	1.993×10^{-23}	12.00	^{35}Cl	5.807×10^{-23}	34.97
^{14}N	2.325×10^{-23}	14.00	^{40}Ar	6.634×10^{-23}	39.96
^{16}O	2.656×10^{-23}	15.99	^{197}Au	3.271×10^{-22}	197.0

5.2 原子量

前節では「原子の相対質量」の計算方法を述べたが，「原子量」とはしなかった．その理由は同位体の存在である．水素を例にとると，天然には質量数１の水素（^{1}H），質量数２の重水素（^{2}H）と，２つの同位体が存在する（厳密には２章の表 2.2 にあるように三重水素（^{3}H）が存在するが，極微量なので，ここでは無視する）．極端な例では，カルシウムだと６つの同位体が存在する．ただし，ほとんどの場合，各原子において，天然に存在する割合（天然存在比）は，ほぼ一定である．そこで，各同位体の「相対質量」に天然存在比を掛けたものの総和を計算すると，原子の平均相対質量が得られる．これを**原子量**という．原子量は，あくまで「相対質量」から得られるので，単位はない．

ここで例として，ケイ素（Si）の原子量を求めてみる．ケイ素は，天然に存在する同位体として，^{28}Si，^{29}Si，^{30}Si の３つがあり，その相対質量はそれぞれ 27.978，28.976，29.974 で，存在比はそれぞれ 92.22 %，4.69 %，3.09 % である．したがって，以下のような式から原子量が計算される．

$$27.977 \times 0.9222 + 28.976 \times 0.0469 + 29.974 \times 0.0309 = 28.0856$$

以上の結果より，Si の原子量は 28.0856 と計算される．ただし，天然に同位体がまだ見つかっていないフッ素やアルミニウムなどは，原子の相対質量と原子量が一致する．各元素の原子量は，前見返しの周期表に記載されている．計算に必要な原子量は，ここから引用すればよいので，覚える必要はない．

5.3 分子量，式量

分子の質量の比較においても，原子量と同様に ^{12}C の質量を基準とする．分子の構成元素の，原子量の総和が**分子量**となる．たとえば水（H_2O）の分子量は次のようになる．水素の原子量を 1.0，酸素の原子量を 16.0 とすると，

$$1.0 \times 2 + 16.0 = 18.0$$

となる，原子量と同様に，分子量も前述の通り相対値となるので，単位はない．

組成式で表される物質（イオン結晶，金属など）では，組成式中の構成元素の原子量の総和が求められる．これを**式量**という．イオン式では，厳密には電子が多かったり少なかったりするが，5.1 節で述べた通り，電子の質量は極めて小さく，ここでは無視できる．すなわちイオンを構成する元素の原子量の総和をそのまま式量とする．

5.4 物質量

化学においては，「物質量」という考え方をよく用いる．これは，本来ならば，原子１個または分子１個で考えるのが妥当なのだが，そのサイズがあまりにも小さく，実際の計算をしていく上ではあまりにもそぐわないのである．そこで，「物質量」という考え方を導入すると，日常用いている数値や分量にちょうどよく，とても便利である．

「物質量」とは mol を単位記号として表した物質の量であり，$6.02214076 \times 10^{23}$ 個の要素粒子の集団を「1 mol」と定義する．また，1 mol あたりの粒子の個数をアボガドロ定数 N_A といい，単位は mol^{-1} となる．

$$N_A = 6.02214076 \times 10^{23}\ mol^{-1}$$

これは言い換えれば，「物質量はいくらか？」という問いかけに対しては，「…モルである」という答えになる．

なお，従来は，質量数が 12 の原子 ^{12}C 原子 12 g 中に含まれる原子の数を「1 mol」としていたが，2019 年 5 月における SI の定義の改訂により，上記のように変更された．これにより厳密にいえば，「0.012 kg の ^{12}C の物質量」は 1 mol ではなく，不確定さをもつ実験値となるが，種々の実験結果から「0.012 kg の ^{12}C の物質量は 1 mol」と考えても数値的には全く問題がない．また，アボガドロ定数の「アボガドロ」も，従来の「分子説を提唱したアボガドロの業績を称えて，アボガドロ定数とした」という点にも変更はない．（ただし，本書では計算の煩雑さを避けるため「6.02×10^{23}」または「6.0×10^{23}」の集団を「1 mol」とする．）

通常，何もことわりがない場合は，「粒子」＝「分子」を指すが，イオン結晶や金属結晶の物質のように，組成式で表される物質については組成式を単位粒子とみなし，その N_A 個の集団を 1 mol とする．たとえばイオン結晶の物質では，塩化カリウム（KCl）の 1 mol はカリウムイオン 1 mol と塩化物イオン 1 mol をそれぞれ含んだものを指すことになる．また，金属結晶の物質では，リチウム（Li）を例にとると，Li 原子 1 mol を含んだ塊（集団）が，一般的なリチウム 1 mol に相当する．

5.5 気体の体積

アボガドロは 1811 年，「分子」という粒子の概念を導入し，「すべての気体は，同温，同圧のとき同体積中に同数の分子が含まれている」という，**アボガドロの法則**を発表した．この法則は，現在でも用いられている．この法則を利用すると，物質量は気体の体積と関係付けることができる．0 ℃，1.013×10^5 Pa（1 気圧，1 atm）の状態（この状態を標準状態という）のときを考えると，気体の種類によらず，1 mol の気体はすべてほぼ 22.4 L である．これを**モル体積**（22.4 L mol^{-1}）という（ただし，気体は温度や圧力によってその体積が変化するため，モル体積は温度・圧力の条件を明示する必要がある）．

5.6 質量，分子数，体積と物質量との関係

以上のことより，物質量と，分子数，気体の体積，質量は以下の関係が成り立つ．すなわち，常に物質量を中心にして考えると，それぞれの値が換算できることになる．

まず，1 mol で考えてみる．分子量にそのまま質量の単位（g）をつけると，1 mol あたりの質量になる．気体の種類にかかわらず，0 ℃，1.013×10^5 Pa であれば，1 mol は 22.4 L である．また，分子数は，1 mol あたり，6.0×10^{23} 個である．酸素分子を例にとると，酸素分子の分子量は，

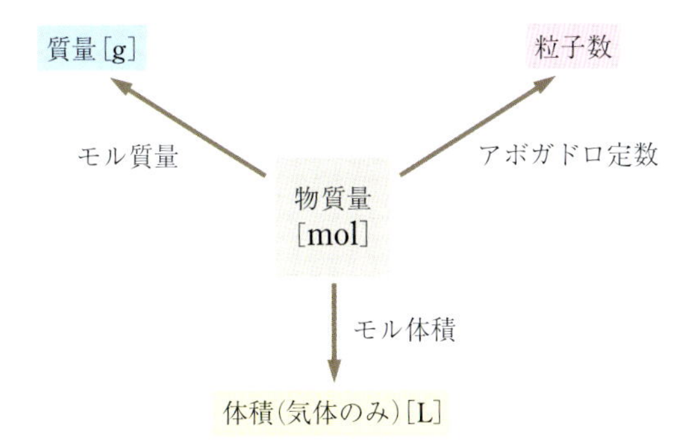

図 5.1　1 mol あたりの物質量と質量，体積，分子数との関係

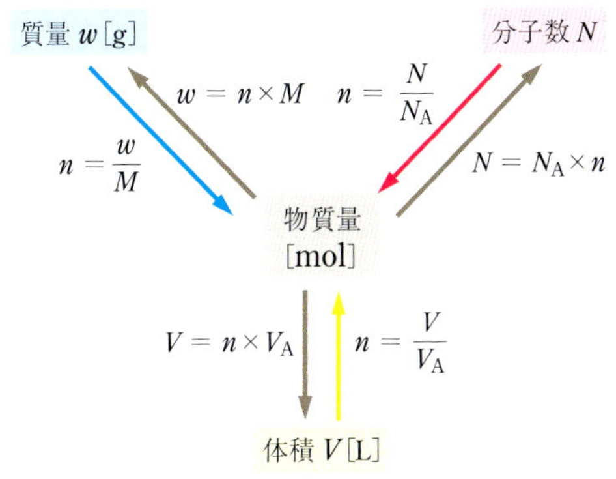

図 5.2　物質量と質量，体積，分子数との関係
（モル質量を M [g mol^{-1}]，アボガドロ定数を N_A [mol^{-1}]，モル体積を V_A [L mol^{-1}] とする.）

32.0 である．したがって，酸素 1 mol は 32.0 g である．酸素 1 mol は，0 ℃，1.013×10^5 Pa で 22.4 L である．酸素分子 1 mol 中の分子の数は 6.0×10^{23} 個となる．

これを n [mol] に拡張すると，図 5.2 のような図式になる．

5.7　モル質量

物質 1 mol あたりの質量を**モル質量**という．単位は g mol^{-1}を用いる [1 mol あたりの質量 (g) であるから]．よく考えてみると，炭素原子 ^{12}C 原子 12 g を相対質量 12 と定め，これから原子量，分子量，式量を求めている．言い換えれば，原子量，分子量，式量に，それぞれ単位 g mol^{-1} をつけると，それが原子や分子，イオンなどのモル質量となる．

たとえば，水素原子のモル質量は，水素原子の原子量は 1.0 なので，1.0 g mol^{-1} となる．また水素分子のモル質量は次のようになる．水素分子は，水素原子 2 個からなる (H_2 で表される) ので，水素分子の分子量は $1.0 \times 2 = 2.0$ となる．したがって，水素分子のモル質量は 2.0 g mol^{-1} となる．

5.8 濃度

この節では，物質の溶解と溶液の濃度について述べる．

5.8.1 溶解とは

溶解とは，名前の通り「モノが溶ける」ことである．ここで，説明上，大事な用語について説明する．

- **溶媒**：物質を溶かす液体
- **溶質**：溶媒に溶けている物質
- **溶液**：溶媒に溶質が溶け，均一に混合した液体

これらの用語を使って，再度「溶解」を説明すると，「溶質が溶媒中に溶けて，均一に分散する現象」となる．また，「溶質」には2種類あり，1つは溶解するとき溶質がイオンに分かれる物質で，これを**電解質**といい，イオンに分かれることを**電離**という．また，イオンに別れない物質を**非電解質**という．

まず，代表的な溶液である，「食塩水」を例に説明する．「食塩」の物質名は，「塩化ナトリウム」であり，電解質である．「水」分子自体は，4章に出てきたように，極性分子であり，分子全体で電荷に偏りがある．水分子の「負電荷」の部分と，陽イオンであるナトリウムイオンと間で静電気的な引力がはたらき，ナトリウムイオンは水分子に取り囲まれる．一方，塩化物イオンは陰イオンなので，水分子の「正電荷」部分との間でやはり静電気的な引力がはたらき，塩化物イオンも水分

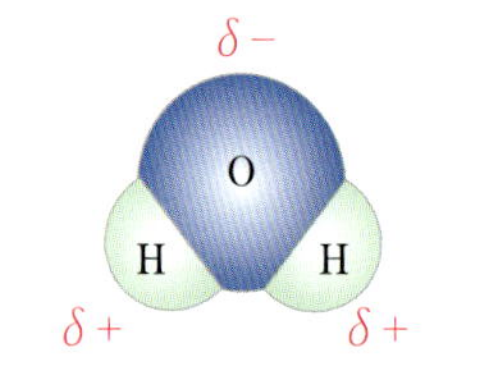

水分子：結合に電荷の偏り
分子全体で極性あり

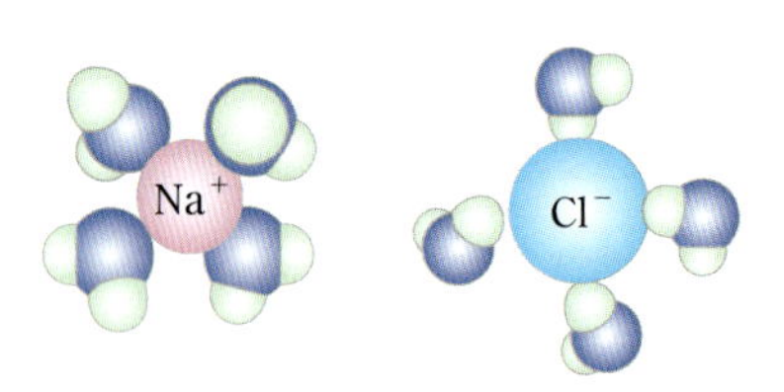

陽イオンは水分子のO原子と，陰イオンは
水分子のH原子と緩やかに結合

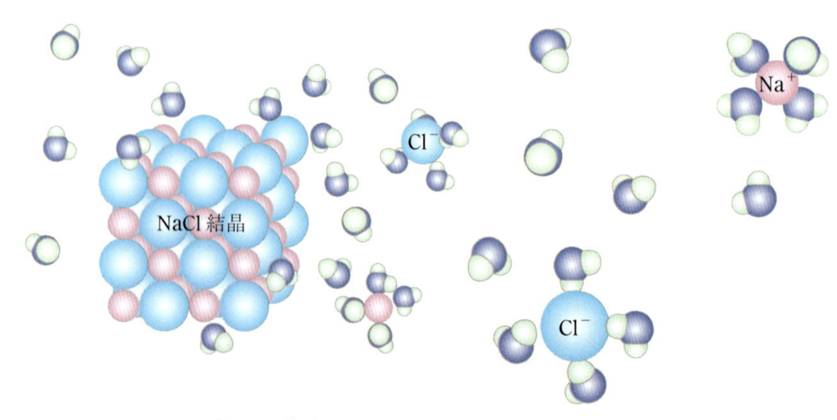

図 5.3 塩化ナトリウムの水への溶解

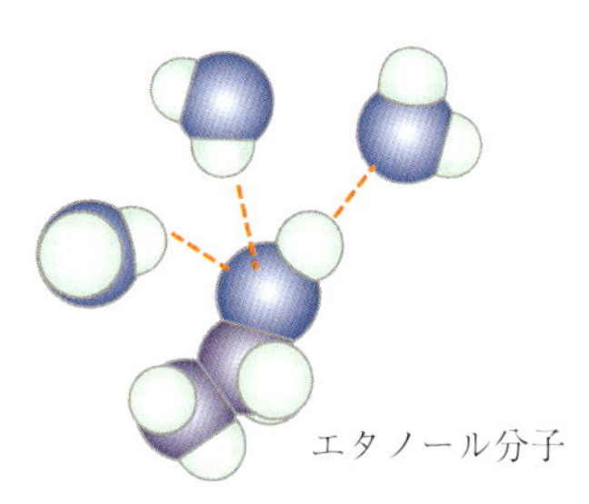

図 5.4　エタノールの水和

子に取り囲まれる．このような現象を**水和**という．結果として，ナトリウムイオンも塩化物イオンも水中に拡散する．

次に，非電解質であるエタノール C_2H_5OH が水に溶ける現象について考える．エタノールの分子中には，水和しにくい部分（疎水基）と水和しやすい部分（親水基）の両方がある．エタノールを水中にいれると，親水基であるヒドロキシ基（$-OH$）の正電荷を帯びた部分と，水分子中の負電荷を帯びた部分の間で水和が起こる（図 5.4）．逆に，エタノール中の負電荷を帯びた部分と，水分子の正電荷を帯びた部分との間でも水和が起こる．結果として，エタノール分子は水分子に取り囲まれ，溶解する．エタノールは，疎水基の部分（C_2H_5-）が小さいので水に溶解するが，親水基に対して疎水基が極めて大きくなると水に溶けなくなる．疎水基は油との親和性が高いので，親水基のない分子や，親水基に対して疎水基の大きな分子は逆に油によく溶けるようになる．

5.8.2　濃度

モル濃度は，溶液 1 L 中に溶けている溶質の量を，物質量で示した濃度のことである．単位は $\mathrm{mol\,L^{-1}}$ を用いる．

$$\frac{\text{溶質の物質量 [mol]}}{\text{溶液の体積 [L]}} = \text{モル濃度 [mol L}^{-1}\text{]}$$

モル濃度は，一定体積の溶液中の溶質の物質量が求めやすい．

質量パーセント濃度は，溶液の質量に対する溶質の質量を百分率（%）で表す．この値は，具体的には溶液 100 g 中の溶質の質量を表した値になる．

$$\frac{\text{溶質の質量 [g]}}{\text{溶液の質量 [g]}} \times 100 = \text{質量パーセント濃度 [\%]}$$

要点のまとめ

1．原子量，分子量，式量

・原子量

質量数 12 の炭素原子 ^{12}C の質量を 12 としたときの各原子の相対質量．原子に同位体が存在するときは，同位体の相対質量と天然存在率から原子の平均の相対質量を求める．

例　塩素の原子量

塩素原子の同位体

同位体	天然存在率 /%	相対質量
^{35}Cl	75.76	34.96885
^{37}Cl	24.24	36.96590

$$35.0\times\frac{75.8}{100}+37.0\times\frac{24.2}{100}=35.0\times0.758+37.0\times0.242=35.48=35.5$$

・分子量

分子を構成する元素の原子量の総和

例　二酸化炭素 CO_2 の分子量

二酸化炭素は炭素原子 1 個と，酸素原子 2 個から構成される分子であるから，

$12.0\times1+16.0\times2=44.0$（原子量は C：12.0，O：16.0）

・式量

イオン式，組成式中の元素の原子量の総和

例　塩化ナトリウム NaCl の式量

塩化ナトリウムはナトリウムイオンと塩化物イオンが 1：1 で構成されるから，

$23.0\times1+35.5\times1=58.5$（原子量は Na：23.0，Cl：35.5）

2．物質量・モル・アボガドロ定数

・モル

6.02214076×10^{23} 個の要素粒子の集団を「1 mol」と定義する．

（ここでは，計算の煩雑さを避けるため「6.02×10^{23}」または「6.0×10^{23}」の集団を「1 mol」とする．）

・アボガドロ定数

1 mol あたりの粒子の数．$N_A=6.02214076\times10^{23}\ \mathrm{mol^{-1}}$

・物質量

「mol」を単位として表した物質の量を物質量という．

・モル質量

粒子 1 mol あたりの質量．原子量，分子量，式量に $\mathrm{g\ mol^{-1}}$ をつけた値となる．

例　水 H_2O

分子量 18.0，モル質量 $18.0\ \mathrm{g\ mol^{-1}}$

H_2O 1 mol（18.0 g）中に含まれる H_2O 分子の数は 6.02×10^{23} 個

・モル体積

すべての気体分子 1 mol は，0℃，1.013×10^5 Pa（この状態を標準状態という）においてその体積は 22.4 L である．この物質 1 mol あたりの体積をモル体積（$22.4\ \mathrm{mol\ L^{-1}}$）という．

例　0 ℃，1.013×10^5 Pa における気体分子 1 mol の体積と質量

気体分子	分子式	体積 /L	質量 /g
酸素	O_2	22.4	$16.0 \times 2 = 32.0$
窒素	N_2	22.4	$14.0 \times 2 = 28.0$
二酸化炭素	CO_2	22.4	$12.0 \times 1 + 16.0 \times 2 = 44.0$

4．濃度

モル濃度：溶液 1 L 中に溶けている溶質の物質量で表した濃度

$$\frac{\text{溶質の物質量 [mol]}}{\text{溶液の体積 [L]}} = \text{モル濃度 [mol L}^{-1}\text{]}$$

質量パーセント濃度：溶液の質量に対する溶質の質量を百分率 [%] で表した濃度

$$\frac{\text{溶質の質量 [g]}}{\text{溶液の質量 [g]}} \times 100 = \text{質量パーセント濃度 [\%]}$$

例題 1　ホウ素には ^{10}B と ^{11}B の 2 種の同位体が存在し，それぞれの同位体の相対質量は 10.0，11.0 であり，天然存在率は 19.9 %，80.1 % である．ホウ素の原子量を有効数字 3 桁で求めよ．

解答　$10.0 \times \frac{19.9}{100} + 11.0 \times \frac{80.1}{100}$

$= 10.0 \times 0.199 + 11.0 \times 0.801 = 10.8$

例題 2　プロパン (C_3H_8) について，次の問 (1)～(4) に答えよ．ただし，原子量は C: 12.0，H: 1.0，アボガドロ定数は 6.0×10^{23} mol^{-1} とする．

(1)　プロパンの分子量を求めよ．

(2)　プロパン 132 g の物質量は何 mol か．

(3)　プロパン 132 g にプロパン分子は何個含まれているか．

(4)　プロパン 176 g に炭素原子と水素原子はそれぞれ何個ずつ含まれているか．

解答

(1)　プロパン分子は炭素原子 3 個と水素原子 8 個で構成されている．構成元素の原子量を使って，分子量を計算すると，

$$12.0 \times 3 + 1.0 \times 8 = 44.0$$

(2)　分子量が 44.0 であるから，プロパン 1 mol の質量は 44.0 g である．プロパン 132 g を x [mol] とすると，1 mol : 44.0 g = x [mol] : 132 g より，

$$x \text{ [mol]} = \frac{132 \text{ g}}{44.0 \text{ g mol}^{-1}} = 3.00 \text{ mol}$$

(3)　(2) からプロパン 132 g の物質量は 3.00 mol である．1 mol の粒子数は 6.0×10^{23} 個であるから，求める分子数 y 個は，

$1 \text{ mol} : 6.0 \times 10^{23}$ 個 $= 3.00 \text{ mol} : y$ [個]

$y = (3.00 \text{ mol}) \times (6.0 \times 10^{23} \text{ mol}^{-1})$

$= 1.8 \times 10^{24}$ 個

(別解)　$\frac{132 \text{ g}}{44.0 \text{ g mol}^{-1}} \times (6.0 \times 10^{23} \text{ mol}^{-1})$

$= 1.8 \times 10^{24}$ 個

(4)　(3) と同様にしてプロパン 176 g に含まれるプロパン分子数を求める．プロパン 1 分子中に含まれる炭素原子は 3 個，水素原子は 8 個であるから，

炭素原子：$\frac{176 \text{ g}}{44.0 \text{ g mol}^{-1}} \times (6.0 \times 10^{23} \text{ mol}^{-1}) \times 3$

$= 7.2 \times 10^{24}$ 個

水素原子：$\dfrac{176\ \text{g}}{44.0\ \text{g mol}^{-1}}\times(6.0\times10^{23}\ \text{mol}^{-1})\times8$
$= 1.9\times10^{25}$ 個

例題 3 次の問 (1)～(3) に答えよ．ただし，原子量は O:16.0，アボガドロ定数は $6.0\times10^{23}\ \text{mol}^{-1}$ とする．

(1) 0℃，1.0×10^5 Pa において酸素分子 4.00 g の体積は何 L か．

(2) 0℃，1.0×10^5 Pa において酸素分子 1.5×10^{23} 個の体積は何 L か．

(3) 酸素分子 1 個あたりの質量は何 g か．

解答

酸素分子 O_2 の分子量は $16.0\times2 = 32.0$ で，モル質量は 32.0 g mol^{-1} である．

(1) 酸素分子 1 mol の質量は 32.0 g であり，1 mol の気体は 0℃，1.013×10^5 Pa で 22.4 L の体積を占める．酸素分子が 4.00 g あるとき，その体積 x [L] とすると，

$32.0\ \text{g} : 22.4\ \text{L} = 4.00\ \text{g} : x[\text{L}]$

$$x\ [\text{mol}] = \frac{4.00\ \text{g}}{32.0\ \text{g}}\times22.4\ \text{L} = 2.80\ \text{L}$$

(2) 1 mol あたりの粒子数がアボガドロ定数 $6.0\times10^{23}\ \text{mol}^{-1}$ であり，1 mol の気体は 0℃，1.013×10^5 Pa で 22.4 L の体積を占める．酸素分子が 1.5×10^{23} 個あるとき，その体積 y [L] とすると，

6.0×10^{23} 個 : 22.4 L = 1.5×10^{23} 個 : y [L]

$$y\ [\text{L}] = \frac{1.5\times10^{23}}{6.0\times10^{23}}\times22.4\ \text{L} = 5.6\ \text{L}$$

(3) 1 mol の粒子数が 6.0×10^{23} 個で，O_2 の 1 mol の質量は 32.0 g である．酸素分子 1 個の質量が z [g] であるとすると，

$6.0\times10^{23} : 32.0\ \text{g} = 1 : z\ [\text{g}]$

$$z\ [\text{g}] = \frac{1\times32.0\ \text{g}}{6.0\times10^{23}} = 5.33\times10^{-23}\ \text{g}$$

例題 4 グルコース $C_6H_{12}O_6$(分子量 180) の水溶液について，次の (1)，(2) に答えよ．

(1) グルコース 18.0 g を水に溶かして 250 mL にした場合のモル濃度を求めよ．

(2) 0.500 mol L^{-1} の水溶液 300 mL 中に含まれるグルコースの物質量は何 mol か．

解答

(1) グルコースの分子量が 180 であるから，グルコースのモル質量は 180 g mol^{-1} すなわちグルコース 1 mol の質量は 180 g である．グルコース 18.0 g を x [mol] とすると，1 mol : 180 g = x [mol] : 18.0 g より，

$$x\ [\text{mol}] = \frac{18.0\ \text{g}\times1\ \text{mol}}{180\ \text{g}} = 0.100\ \text{mol}$$

いま，このグルコース水溶液 250 mL 中にグルコースは 0.100 mol 含まれており，一方，1 L 中にグルコースが y [mol] 含まれるとする．1 L = 1000 mL であるから，

250 mL : 0.100 mol = 1 L : y [mol]

250 mL : 0.100 mol = 1000 mL : y [mol]

$$y\ [\text{mol}] = \frac{0.100\ \text{mol}\times1000\ \text{mL}}{250\ \text{mL}} = 0.400\ \text{mol}$$

モル濃度の定義は「溶液 1 L 中の溶質の物質量」であるから，このグルコース水溶液のモル濃度は 0.400 mol L^{-1} である．

(別解)

分子量が 180 と与えられているので，モル質量は 180 g mol^{-1} とわかる．よって，物質量は，

$$n\ [\text{mol}] = \frac{w\ [\text{g}]}{M\ [\text{g mol}^{-1}]} = \frac{18.0\ \text{g}}{180\ \text{g mol}^{-1}} = 0.100\ \text{mol}$$

である．モル濃度 c [mol L^{-1}] は溶質（この場合グルコース）の物質量 n [mol] を溶液の体積 V [L] で割ったものである．すなわち，

$$c\ [\text{mol L}^{-1}] = \frac{n\ [\text{mol}]}{V\ [\text{L}]} = \left(\frac{w\ [\text{g}]}{M\ [\text{g mol}^{-1}]}\right)\times\frac{1}{V\ [\text{L}]} = \left(\frac{18.0\ \text{g}}{180\ \text{g mol}^{-1}}\right)\times\frac{1}{250\ \text{mL}} = 0.100\ \text{mol}\times\frac{1}{\frac{250}{1000}\ \text{L}} = 0.400\ \text{mol L}^{-1}$$

(2)　0.500 mol L^{-1} グルコース水溶液について，この水溶液 1 L 中にグルコースが 0.500 mol 含まれている．では，この水溶液 300 mL 中にグルコースが n [mol] 含まれるとすると，1 L = 1000 mL であるから，

1 L : 0.500 mol = 300 mL : n [mol]

1000 mL : 0.500 mol = 300 mL : n [mol]

$$n\ [\mathrm{mol}] = \frac{0.500\ \mathrm{mol} \times 300\ \mathrm{mL}}{1000\ \mathrm{mL}} = 0.150\ \mathrm{mol}$$

(別解)

モル濃度，溶質の物質量，溶液の体積の関係

$c\ [\mathrm{mol\ L^{-1}}] = \dfrac{n\ [\mathrm{mol}]}{V\ [\mathrm{L}]}$ から，

$$\begin{aligned} n\ [\mathrm{mol}] &= c\ [\mathrm{mol\ L^{-1}}] \times V\ [\mathrm{L}] \\ &= (0.500\ \mathrm{mol\ L}) \times 300\ \mathrm{mL} \\ &= 0.150\ \mathrm{mol} \end{aligned}$$

例題 5　水 375 g に NaCl 25.0 g 溶かした塩化ナトリウム水溶液の質量パーセント濃度を求めよ．

解答

質量パーセント濃度は溶液中に含まれる溶質の質量をパーセント(%)で表した濃度のことで，溶媒，溶質の質量をそれぞれ W [g]，w [g] とすると次式で表される．

$$\frac{w\ [\mathrm{g}]}{W\ [\mathrm{g}] + w\ [\mathrm{g}]} \times 100\ \% = \frac{25.0\ \mathrm{g}}{375\ \mathrm{g} + 25.0\ \mathrm{g}} \times 100 = 6.25\ \%$$

例題 6　質量パーセント濃度 15.0 % のスクロース水溶液(砂糖水)180 g 中に含まれるスクロースの質量は何 g か．

解答

質量パーセント濃度 15.0 % とあるので，この水溶液 100 g 中にスクロースが 15.0 g 溶けている．では水溶液 180 g にスクロースが w [g] 溶けているとすると，

「水溶液の質量」:「溶質の質量」= 100 g : 15.0 g = 180 g : w[g]

$$w\ [\mathrm{g}] = 180\ \mathrm{g} \times \frac{15.0\ \mathrm{g}}{100\ \mathrm{g}} = 27.0\ \mathrm{g}$$

(別解)

溶媒，溶質の質量をそれぞれ W [g]，w [g] とすると，溶液の質量は $(W+w)$ [g] である．いま，スクロース水溶液の質量 $(W+w)$ = 180 g と与えられているので，

$$\frac{w\ [\mathrm{g}]}{(W+w)\ [\mathrm{g}]} \times 100\ \% = \frac{w\ [\mathrm{g}]}{180\ \mathrm{g}} \times 100 = 15.0\ \%$$

$$w\ [\mathrm{g}] = 180\ \mathrm{g} \times \frac{15.0}{100} = 27.0\ \mathrm{g}$$

練習問題 5

5.1　次の問 (1)，(2) に有効数字 3 桁で答えよ．ただし，^{12}C 原子 1 個の質量は 1.99×10^{-23} g，^{4}He 1 個の質量は 6.65×10^{-24} g とする．

(1)　^{4}He 原子の質量は ^{12}C 原子の質量の何倍か．

(2)　^{12}C 原子の相対質量を 12 としたとき，^{4}He の相対質量を求めよ．

5.2　ケイ素原子には，^{28}Si，^{29}Si，^{30}Si の 3 種類の同位体が存在し，それぞれの同位体の相対質量は 28.0，29.0，30.0 であり，天然存在率は 92.23 %，4.67 %，3.10 % である．ケイ素の原子量を有効数字 3 桁で求めよ．

5.3　次の (a)～(d) の物質の分子量とモル質量，および (e)～(g) の物質の式量とモル質量を求めよ，ただし，原子量は H : 1.0，C : 12.0，N : 14.0，O : 16.0，Na : 23.0，Al : 27.0，Cl : 35.5，Ca : 40.1 とする．

(a)　過酸化水素 H_2O_2　　(b)　メタノール CH_3OH

(c)　オゾン O_3　　(d)　グルコース $C_6H_{12}O_6$

(e)　塩化カルシウム $CaCl_2$

(f)　硝酸ナトリウム $NaNO_3$

(g)　塩化アルミニウム $AlCl_3$

5.4　次の問 (1)～(3) に答えよ．ただし，原子量は H : 1.0，O : 16.0，アボガドロ定数は $6.0 \times 10^{23}\ \mathrm{mol^{-1}}$ とする．

(1)　水 36.0 g の物質量は何 mol か．

(2)　水 0.25 mol の質量は何 g か.
(3)　水 9.0 g 中に水分子，水素原子，酸素原子はそれぞれ何個含まれているか.

5.5　次の問 (1)～(3) に答えよ．ただし，原子量は C:12.0，O:16.0，アボガドロ定数は 6.0×10^{23} mol^{-1} とする.
(1)　0℃，1.0×10^{5} Pa で，66.0 g の二酸化炭素の体積は何 L か.
(2)　0℃，1.0×10^{5} Pa で，11.2 L の二酸化炭素の中に二酸化炭素分子は何個含まれるか.
(3)　二酸化炭素分子 1 個あたりの質量は何 g か.

5.6　エタノール C_2H_5OH について問 (1)～(3) に答えよ．ただし，原子量は H:1.0，C:12.0，O:16.0，アボガドロ定数は 6.0×10^{23} mol^{-1} とする.
(1)　エタノールの分子量はいくらか.
(2)　エタノール 9.2 g の物質量は何 mol か.
(3)　エタノール 9.2 g には，エタノール分子が何個含まれるか.

5.7　次の (1)～(3) の値を，それぞれ算出せよ．ただし，NaCl，NaOH の式量はそれぞれ 58.5，40.0 とする.
(1)　塩化ナトリウム NaCl 1.17 g を水に溶かして 150 mL にした場合のモル濃度
(2)　0.100 mol L^{-1} シュウ酸水溶液 25.0 mL 中に含まれるシュウ酸の物質量
(3)　0.200 mol L^{-1} NaOH 水溶液を 250 mL 調製するために要する NaOH の質量

5.8　次の (1)，(2) に答えよ.
(1)　12.0 mol L^{-1} の濃塩酸を希釈して 0.100 mol L^{-1} の希塩酸を 300 mL つくりたい．この濃塩酸は何 mL 必要か.
(2)　2.50 mol L^{-1} NaOH 水溶液 50.0 mL を希釈したとき，0.500 mol L^{-1} NaOH 水溶液が何 mL 調製できるか.

5.9　次の (1)，(2) の値を，それぞれ算出せよ.
(1)　水 50.0 g に硝酸銀 ($AgNO_3$) 12.5 g を溶解した硝酸銀水溶液の質量パーセント濃度
(2)　質量パーセント濃度 1.50 % 尿素水溶液 300 g 中に含まれる尿素の質量

略解

5.1　(1) 0.334 倍　(2) 4.01
5.2　28.1
5.3　(a) 分子量 34.0，モル質量 34.0 g mol^{-1}
(b) 分子量 32.0，モル質量 32.0 g mol^{-1}
(c) 分子量 48.0，モル質量 48.0 g mol^{-1}
(d) 分子量 180.0，モル質量 180.0 g mol^{-1}
(e) 式量 111.1，モル質量 111.1 g mol^{-1}
(f) 式量 85.0，モル質量 85.0 g mol^{-1}
(g) 式量 133.5，モル質量 133.5 g mol^{-1}
5.4　(1) 2.0 mol　(2) 4.5 g
(3) H_2O 分子 3.0×10^{23} 個，H 原子 6.0×10^{23} 個，O 原子 3.0×10^{23} 個
5.5　(1) 33.6 L　(2) 3.0×10^{23} 個
(3) 7.3×10^{-23} g
5.6　(1) 46.0　(2) 0.20 mol
(3) 1.2×10^{23} 個
5.7　(1) 0.133 mol L^{-1}　(2) 2.50×10^{-3} mol
(3) 2.00 g
5.8　(1) 2.50 mL　(2) 250 mL
5.9　(1) 20.0 %　(2) 4.50 g

化学反応

化学変化（化学反応）では物質を構成する原子と原子の結び付き方や化学結合が変化し，物質自体が変化する．この化学変化を，関係する物質の化学式を用いて表した式を化学反応式または反応式という．化学反応式は万国共通で，何がどのようにどんな割合で何へ変化するかなどの多くのことが読み取れ，異なる言語を使う人どうしであっても理解しあえる．本章では，化学変化と化学反応式がもつ意味合いを理解する．

Wasserstoff und Sauerstoff reagieren zu Wasser

水素は酸素と反応して水を生成する

Hydrogen reacts with oxygen to form water

L' idrogeno reagisce con ossigeno per formare acqua

L' idrogeno reagisce con ossigeno per formare acqua

L' idrogeno reagisce con ossigeno per formare acqua

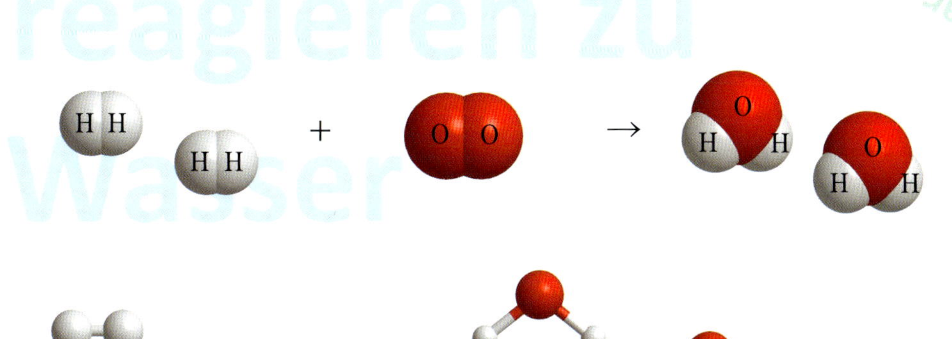

$$2\,H_2 + O_2 \rightarrow 2\,H_2O$$

6.1 物質の変化

物質の変化は物理変化と化学変化に大別できる.

物理変化では，物質の種類は変化せず，物質の状態や形状が変化する．物質の状態には固体，液体，気体があり，これらを**物質の三態**という（図 6.1）．一般に圧力や温度を変化させていくと，物質の構成粒子の熱運動の激しさおよび構成粒子間の引力の大きさによって，構成粒子の集合状態が変化して，物質の状態は三態の間で変化する（三態変化）．たとえば，固体の水（氷）は温度上昇に伴い，液体の水，気体の水（水蒸気）と状態が変化するが，これらを構成する水分子は状態変化があっても水分子として存在している．このように，三態変化は物質の構成粒子の組成は保たれ，物質の状態のみが変化する物理変化の 1 つである．他にも，物質の形状が力学的に変化する場合（物体の伸縮，折れ曲がり，切断などの変形）も物理変化である．

一方，物質の種類が変化し，性質の異なる別の物質に変化することを**化学変化**あるいは**化学反応**という．化学変化では，物質の構成粒子の元素の組み合わせが変わったり，新たな化学結合ができたりする．たとえば，水素の燃焼では水素と酸素という 2 種類の物質から，新たに水という物質が生成する．炭酸水素ナトリウムは加熱により分解して，炭酸ナトリウム，水，二酸化炭素が生成する．このように単体から化合物への変化，ある化合物から別の化合物への変化など，変化の前後で物質の種類が変化することが化学変化，あるいは化学反応である．なお，2 種類以上の物質が化学反応して新しい物質を生じることを**化合**という場合がある．

化学反応のなかには，固有の名称で呼ばれるものがある．たとえば，物質が酸素との化合で光や熱を発生する現象を特に**燃焼**という．酸素と直接化合したり，反応により水素原子を失ったり，電子を失ったりすることを**酸化**と呼ぶ．燃焼は酸化の一種である．その反対に酸素原子を失ったり，水素原子と反応したり，電子を得ることを**還元**という．後述するように，酸と塩基の反応を**中和**という．なお，酸素が十分に供給されて燃焼し，構成元素がその状態でもっとも安定な酸化物になる

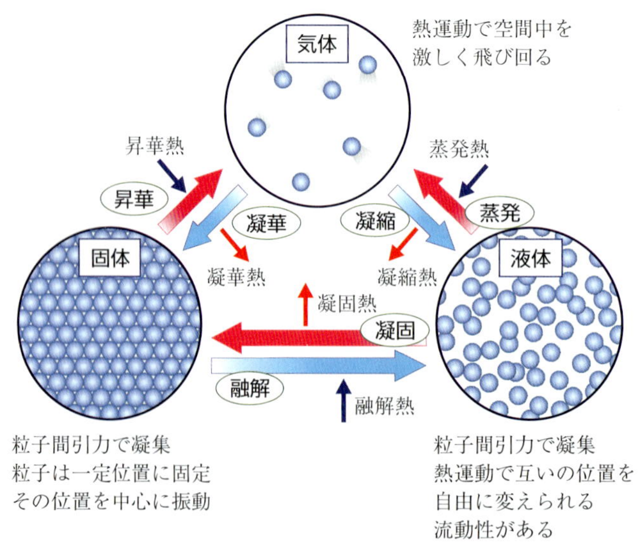

図 6.1 物質の三態と状態変化

場合を**完全燃焼**という．反対に，酸素供給が不十分な状態で燃焼することを**不完全燃焼**という．不完全燃焼の場合，生成物中には可燃性物質が含まれている．たとえば，炭素の燃焼では，酸素供給が十分な場合は完全燃焼して二酸化炭素を生成する．しかし，酸素供給が不十分な場合は一部が不完全燃焼して一酸化炭素を発生する．一酸化炭素は可燃性気体で，酸素を十分供給して燃焼させると，青い炎を上げて完全燃焼する．一酸化炭素は有毒ガスであり，冬場にしばしば起こる練炭などによる一酸化炭素中毒は可燃性物質の不完全燃焼が原因である．

6.2 化学反応式とその書き方

化学変化のようすを化学式で表したものが，化学反応式である．化学反応を起こす前の原料となる物質群を**反応物**または**原系**，化学反応を起こした後の新しくできた物質群を**生成物**または**生成系**という．

化学反応式は次のような決まりに従ってつくられる．作り方の手順は以下の通り．

手順

(1) 化学反応する物質の列挙

反応物の化学式を左辺に，生成物の化学式を右辺に書く．反応前後で変化しない物質は反応式中には書かない（たとえば溶媒や触媒）．

(2) 反応の方向の明記

反応物や生成物が複数存在するときはプラス記号 ＋ を書き，反応の方向を示す矢印 ⟶ を反応物と生成物の間に書き加える．

(3) 係数付け

左辺，右辺でそれぞれの元素の原子数が一致するように，化学式の前にそれぞれ係数をつける．ただし，係数はもっとも簡単な整数比とし，係数が 1 の場合には省略して，顕わに書かない（特殊な場合には分数を用いることもある）．

(4) 検算

できあがった反応式中の各元素の原子数が反応側（左辺），生成側（右辺）で一致することを確認する．

係数付けの方法には，目算法と未定係数法の，主に 2 つがある．

目算法

たとえば，エタンの燃焼について考えよう．エタンが酸素と化合して水と二酸化炭素を生じる化学変化は，次の化学反応式で表される．この化学反応式を手順に従ってつくってみよう．

$$2\,C_2H_6 + 7\,O_2 \longrightarrow 4\,CO_2 + 6\,H_2O$$

(1) 化学反応する物質の列挙

反応物のエタン C_2H_6 と酸素 O_2 は左辺に，生成物の二酸化炭素 CO_2 と水 H_2O は右辺に書く．

（反応側）　　　　（生成側）

C_2H_6　O_2　　CO_2　H_2O

(2) 反応の方向の明記

反応物や生成物がそれぞれ2種類あるので ＋ を，反応方向を示す ⟶ を書き加える．

$$C_2H_6 + O_2 \longrightarrow CO_2 + H_2O$$

(3) 係数付け

ある物質の化学式の係数を仮に1として，各原子数が反応側（左辺），生成側（右辺）で等しくなるように他の係数を決めていく．

いま，簡単のため，仮にC_2H_6の係数を1とおく．C_2H_6中のC原子は2個であり，それが生成側ではCO_2を構成している．よって，CO_2の仮の係数は2となる．

$$\boxed{1}\ C_2H_6+\boxed{}\ O_2 \longrightarrow \boxed{2}\ CO_2+\boxed{}\ H_2O$$

さらに，C_2H_6中のH原子は6個であり，これが生成側ではH_2Oを構成し，H_2O中のH原子は2個である．よって，H_2Oの仮の係数は$\dfrac{6}{2}=3$となる．

$$\boxed{1}\ C_2H_{⑥}+\boxed{}\ O_2 \longrightarrow \boxed{2}\ CO_2+\boxed{\frac{6}{2}=3}\ H_2O$$

今度は生成側のO原子の数に注目する．CO_2中のO原子は2個であるが，暫定の係数2がついているので，全部で$2\times2=4$個である．さらに，H_2O中のO原子は1個であるが，暫定の係数3がついているので，全部で$1\times3=3$個である．よって生成側では合計7個のO原子が存在している．反応側に立ち返ってみると，O原子はO_2のみに存在している．よってO_2の仮の係数は$\dfrac{2\times2+1\times3}{2}=\dfrac{7}{2}$と与えられる．以上から，

$$\boxed{1}\ C_2H_6+\boxed{\frac{7}{2}}\ O_2 \longrightarrow \boxed{2}\ CO_2+\boxed{3}\ H_2O$$

ここで，原則的に各係数は最も簡単な整数比で表すことになっているので，分数を解消するため，両辺を2倍すると，下式が得られる．

$$2\,C_2H_6+7\,O_2 \longrightarrow 4\,CO_2+6\,H_2O$$

(4) 検算

前述の反応式中の各元素の原子数が反応側（左辺），生成側（右辺）で一致することを確認する．この検算は必ず行うべきである．

Cに注目：$2\times2=1\times4=4$

Hに注目：$6\times2=2\times6=12$

Oに注目：$2\times7=2\times4+1\times6=14$

確かに両辺で各元素の原子数が一致している．

未定係数法

係数の振り方は上述の目算法で決めることが可能であるが，さらに複雑な化学反応式の場合には

未定係数法を用いる．未知の係数を $a, b, c, \cdots$ と仮に置き，後の手順は上述のものと同じである．

例として，濃硝酸に銅を溶解したときに二酸化窒素が発生する反応を取り上げて，未定係数法を使ってみよう．まずは生成側，反応側の化学式を書くと，次式のようになる．

$$\boxed{}\ Cu + \boxed{}\ HNO_3 \longrightarrow \boxed{}\ Cu(NO_3)_2 + \boxed{}\ H_2O + \boxed{}\ NO_2$$

いま，仮の係数として，a～e を置く．

$$\boxed{a}\ Cu + \boxed{b}\ HNO_3 \longrightarrow \boxed{c}\ Cu(NO_3)_2 + \boxed{d}\ H_2O + \boxed{e}\ NO_2$$

反応前後で反応系の原子数が変化しない．反応側と生成側の原子数に注目して，

Cu に注目：$a = c$

H に注目　：$b = 2d$

N に注目　：$b = 2c + e$

O に注目　：$3b = 6c + d + 2e$

以上から係数同士の関係 $2a = \frac{b}{2} = 2c = d = e$ が得られる．いま，仮に $a = 1$ とすると $b = 4$, $c = 1$, $d = e = 2$ となる．係数の比は $a:b:c:d:e = 1:4:1:2:2$ で，もっとも簡単な整数比で表されている．

以上から，

$$\boxed{1}\ Cu + \boxed{4}\ HNO_3 \longrightarrow \boxed{1}\ Cu(NO_3)_2 + \boxed{2}\ H_2O + \boxed{2}\ NO_2$$

係数 1 は通常，表示しないので，

$$Cu + 4\,HNO_3 \longrightarrow Cu(NO_3)_2 + 2\,H_2O + 2\,NO_2$$

最後に，反応側，生成側の原子数を比較し，係数が適切であることを確認する．

6.3 化学反応式が表す意味

化学反応式から読み取れる情報は反応物，生成物そのものだけでなく，反応の量的関係を示している．読み取れる量的関係は大きく分けて，(1) 分子数，物質量，気体の体積の関係，(2) 物質の質量の関係，の 2 つがある．以下，例としてエタンの燃焼を挙げて，化学反応式を詳しく見てみよう（表 6.1）．

$$2\,C_2H_6 + 7\,O_2 \longrightarrow 4\,CO_2 + 6\,H_2O$$

(1)　分子数，物質量，気体の体積の関係

化学反応式の係数の比は，物質の分子数の比，物質量の比を示している．エタンの燃焼の化学反応式から，エタン分子 2 個が酸素分子 7 個と反応して，二酸化炭素分子 4 個と水分子 6 個を生じることが読み取れ，係数が反応する分子数の比を示していることがわかる．さらに，これらの分子数を何倍にしてもその比は変らず，6.0×10^{23} 倍した場合，各々の物質の係数は物質量の比を表していることもわかる．すなわち，エタン分子 2 mol が酸素分子 7 mol と反応して，二酸化炭素分子 4 mol と水分子 6 mol を生じることが表されている．

	$2\,C_2H_6$	+	$7\,O_2$	⟶	$4\,CO_2$	+	$6\,H_2O$
係数比	2		7		4		6
分子数	2 個 $2\times6.0\times10^{23}$ 個		7 個 $7\times6.0\times10^{23}$ 個		4 個 $4\times6.0\times10^{23}$ 個		6 個 $6\times6.0\times10^{23}$ 個
物質量	2 mol		7 mol		4 mol		6 mol

同温，同圧における同じ物質量（分子数）の気体は気体の種類にかかわらず同じ体積を占有する（アボガドロの法則）．したがって，同温，同圧における気体の体積比は気体の物質量の比に等しい．まとめると，化学反応式中の気体物質について，

「係数比」＝「物質量比」＝「体積比」

の関係が成立している．これは気体の反応における体積は簡単な整数比になるという気体反応の法則そのものである．

気体分子 1 mol は 0 ℃ ＝ 273.15 K，1 atm ＝ 1 気圧 ＝ 1.013×10^5 Pa で体積 22.4 L を占める．0 ℃，1 atm で比較しても気体の体積比は係数比に等しい．

	$2\,C_2H_6$	+	$7\,O_2$	⟶	$4\,CO_2$	+	$6\,H_2O$
係数比	2		7		4		6
同温，同圧	2 体積		7 体積		4 体積		6 体積
0 ℃，1 atm＝1.0×10^5 Pa	2 mol×22.4 L ＝44.8 L		7 mol×22.4 L ＝156.8 L		4 mol×22.4 L ＝89.6 L		6 mol×22.4 L ＝134.4 L

表 6.1　エタンの燃焼の量的関係

化学反応式	$2\,C_2H_6$	+	$7\,O_2$	⟶	$4\,CO_2$	+	$6\,H_2O$
係数比	2	:	7	:	4	:	6
分子数比	2 分子	:	7 分子	:	4 分子	:	6 分子
物質量比	2 mol	:	7 mol	:	4 mol	:	6 mol
体積比*）	2	:	7	:	4	:	6
質量比	2×30 ＝ 60 g	:	7×32 ＝ 224 g	:	4×44 ＝ 176 g	:	6×18 ＝ 108 g

*）体積比は同温，同圧の場合，係数比に等しくなる．

(2)　物質の質量

化学反応式は，反応に関する物質間の質量関係をも示している．

ある分子のモル質量は，その分子量の数値に単位 $g\ mol^{-1}$ をつけた量として得られる．化学反応式の反応側，生成側の質量を比較してみると，反応前後で反応系全体の質量は変化しない（質量保存の法則）ことが判る．

	$2\,C_2H_6$	+	$7\,O_2$	⟶	$4\,CO_2$	+	$6\,H_2O$
物質量	2 mol		7 mol		4 mol		6 mol
	$2\,mol \times 30.0\,g\,mol^{-1} = 60.0\,g$		$7\,mol \times 32.0\,g\,mol^{-1} = 224.0\,g$		$4\,mol \times 44.0\,g\,mol^{-1} = 176.0\,g$		$6\,mol \times 18.0\,g\,mol^{-1} = 108.0\,g$
	反応側の質量 $60.0\,g + 224.0\,g = 284.0\,g$				生成側の質量 $176.0\,g + 108.0\,g = 284.0\,g$		

6.4　特別な化学反応式

イオンが関与する反応で，反応に直接関係しないイオンを省略し，反応に関与しているイオンをイオン式で示した反応式を**イオン反応式**という．イオン反応式では両辺（反応側，生成側）の電荷の総和が等しくなる．

たとえば，硝酸銀 $AgNO_3$ 水溶液に塩化ナトリウム NaCl 水溶液を加えると，塩化銀 AgCl の白色沈殿が生成する．この化学反応式は，

$$AgNO_3 + NaCl \longrightarrow AgCl + NaNO_3$$

である．水溶液中では反応物や生成物の一部が電離してイオンになっているので，イオン式で表してもよい．

$$Ag^+ + NO_3^- + Na^+ + Cl^- \longrightarrow AgCl + Na^+ + NO_3^-$$

反応を通して変化しない，つまり反応に関与していないイオン Na^+ と NO_3^- を消去する．反応に関与しているイオンのみが表示されたイオン反応式が得られる．

$$Ag^+ + Cl^- \longrightarrow AgCl$$

両辺のもつ電荷の総和は，両辺とも 0 であり，等しいことが確認できる．

酸化還元反応を表す化学反応式を**酸化還元反応式**という．酸化剤や還元剤の働きを明確に強調して示すため，酸化反応と還元反応を別々に表すことがある．これらはイオン反応式の一種ではあるが，反応式中に電子 e^- を含んでいる．これを特に**半反応式**と呼ぶ．たとえば，硫酸酸性溶液中での過マンガン酸カリウム $KMnO_4$ とシュウ酸 $(COOH)_2$ の酸化還元反応は次のように表される．

酸化還元反応式：$2\,KMnO_4 + 5(COOH)_2 + 3\,H_2SO_4 \longrightarrow 2\,MnSO_4 + K_2SO_4 + 8\,H_2O + 10\,CO_2$

この酸化還元反応式は，下の半反応式 ①, ② 中の電子 e^- を消去するように，5×①+2×② とすると得られる．

半反応式：

還元剤（反応で酸化される物質）　$(COOH)_2 \longrightarrow 2\,CO_2+2\,H^++2\,e^-$　①

酸化剤（反応で還元される物質）　$MnO_4{}^-+8\,H^++5\,e^- \longrightarrow Mn^{2+}+4\,H_2O$　②

化学変化に伴うエンタルピー*) 変化を表すには，化学反応式にエンタルピー変化 ΔH を添えて示す．また，エンタルピーの変化量は反応前後の状態によって異なるので，化学式には必ず状態（三態や同素体など）を書き添える．一般に注目する物質 1 mol あたりのエンタルピーの変化量を反応エンタルピー [$\mathrm{kJ\,mol^{-1}}$] という．通常，反応エンタルピーは 25 ℃ (298.15 K)，1.013×10^5 Pa での値を用いる．

たとえば，エタン (C_2H_6) の完全燃焼の反応を考えるとき，注目する物質はエタンになるので，エタンの係数を 1 にして，状態を添えた化学反応式を書き，最後にエンタルピー変化を書き加える．

$$C_2H_6(\text{気})+\frac{7}{2}O_2(\text{気}) \longrightarrow 2\,CO_2(\text{気})+3\,H_2O(\text{液}) \qquad \Delta H=-1562\,\mathrm{kJ}$$

（ΔH が正の場合は吸熱反応，負の場合は発熱反応である）

6.5 化学反応式で表現できないこと

上述のように化学反応式は反応物と生成物の量的関係を明確に示しているが，反応条件（加熱，冷却，加圧，減圧など）や反応に伴う現象（色や臭い，発光など）をすべて表現できない．沈殿が生成する場合と気体が発生する場合にはその物質の化学式の右にそれぞれ↓と↑を付記することがある．また，加熱を要する場合，光照射を必要とする場合，触媒を使用する場合には ⟶ の上に，それぞれ加熱，光（あるいは $h\nu$），触媒（あるいは触媒の物質名）を付記することがある．しかし，化学反応式だけではわからない詳細な事項は，言葉で説明する必要がある（触媒：他の物質の反応を促進するが，自分自身は変化しない物質）．

酸化マンガン（IV）MnO_2 を触媒とする過酸化水素 H_2O_2 の分解反応で気体の酸素が発生する場合：

$$2\,H_2O_2 \xrightarrow{MnO_2} 2\,H_2O+O_2\uparrow$$

メタンと塩素が光照射の下で反応してクロロメタンを生成する場合（$h\nu$ は光のエネルギーを表す）：

$$CH_4+Cl_2 \xrightarrow{h\nu} CH_3Cl+HCl$$

溶媒エーテル（ジエチルエーテル）中でアセトアミド CH_3CONH_2 を水素化アルミニウムリチウム $LiAlH_4$ で還元してアミノエタン（エチルアミン）$CH_3CH_2NH_2$ を生成する場合：

$$CH_3CONH_2 \xrightarrow[\text{エーテル}]{LiAlH_4} CH_3CH_2NH_2$$

*) エンタルピーは，

内部エネルギー＋圧力×体積

で定義されるエネルギーの一種で，体積変化に伴う仕事のみを考える場合，圧力一定ならば流入する熱はエンタルピー変化と等しくなる．

6.6 酸・塩基と中和反応

6.6.1 酸と塩基

酢酸や塩化水素，硫酸が溶けた水溶液は酸味を示し，青色リトマス紙を赤く変色する．また，亜鉛などの金属と反応して水素を発生する．このような水溶液の性質を**酸性**といい，酸性を示す物質を**酸**という．

一方，水酸化ナトリウムやアンモニアの希薄な水溶液は渋く，苦味を示す．また，赤色リトマス紙を青く変色する．手に触れると，皮膚を冒して，ぬるぬるとする．このような水溶液の性質を**塩基性**といい，塩基性を示す物質を**塩基**という．なお水溶液についての塩基性をアルカリ性ともいい，水に溶けて塩基性を示す物質をアルカリという場合もある．酸と塩基が反応して，互いの性質を打ち消し合う反応を**中和反応**（**中和**）という．

このように，古くから認識されていた酸・塩基の性質であるが，酸・塩基には科学的視点に基づいた，3つの歴史的な定義がある（表 6.2）．アレニウスは，物質が水に溶けるとき，水素イオン H^+ あるいは水酸化物イオン OH^- の生成の有無で酸・塩基を定義した．表 6.3 は，このアレニウスの定義に基づく代表的な酸・塩基が水に溶けた場合の電離式を示す．酸は H^+ を，塩基は OH^- を生成することが確認できるだろう．

表 6.2　酸・塩基の定義

	酸	塩基
アレニウスの定義（1887 年）	水に溶けて H^+（H_3O^+）を生じる物質	水に溶けて，OH^- を生じる物質
ブレンステッド・ローリーの定義（1923 年）	相手に H^+ を与える分子あるいはイオン	相手から H^+ を受け取る分子あるいはイオン
ルイスの定義（1923 年）	電子対を受け取るもの	電子対を提供するもの

表 6.3　代表的な酸・塩基の水溶液中での電離式

	物質	電離式
酸	塩化水素	$HCl \longrightarrow H^+ + Cl^-$ $(HCl + H_2O \longrightarrow H_3O^+ + Cl^-)$
酸	硫酸	$H_2SO_4 \longrightarrow H^+ + HSO_4^-$ $HSO_4^- \rightleftarrows H^+ + SO_4^{2-}$ （まとめて $H_2SO_4 \longrightarrow 2\,H^+ + SO_4^{2-}$）
酸	酢酸	$CH_3COOH \rightleftarrows H^+ + CH_3COO^-$
塩基	水酸化ナトリウム	$NaOH \longrightarrow Na^+ + OH^-$
塩基	水酸化カルシウム	$Ca(OH)_2 \longrightarrow Ca^{2+} + 2\,OH^-$
塩基	アンモニア	$NH_3 + H_2O \rightleftarrows NH_4^+ + OH^-$

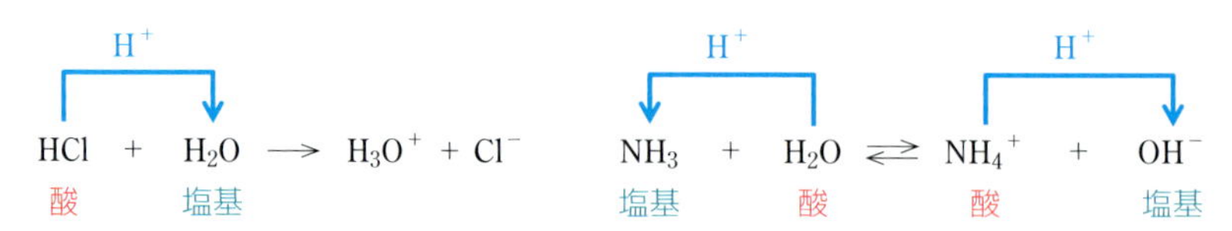

図 6.2 水素イオンの授受に注目したブレンステッド・ローリーの酸・塩基の定義

さらに，ブレンステッドとローリーは水素イオンの授受に注目し，水溶液以外についても酸・塩基を定義できるようにした．たとえば，塩化水素 HCl が水に溶解して電離する場合を考えると，HCl が H_2O に H^+ を供与するので，HCl は酸としてはたらいている（図 6.2）．一方，H_2O は H^+ を受け取るので塩基としてはたらいている．アンモニア NH_3 が水に溶解して電離する場合では，NH_3 は H^+ を受け取っているので塩基としてはたらいている．この場合の H_2O は H^+ を供与する役割を担っているので，酸としてはたらく．H_2O は相手の物質によって，酸としても塩基としてもはたらいていることがわかる．

また，ルイスは電子対の授受に注目し，酸・塩基の定義を拡張した．この場合，電子対を受容する物質をルイス酸とし，電子対を供与する物質がルイス塩基としてはたらく．たとえば，水素イオン H^+ は水分子 H_2O 内の O 原子から非共有電子対を受容し，オキソニウムイオン H_3O^+ を生成するが（4 章 4.4 節），この場合，H^+ はルイス酸であり，H_2O がルイス塩基である．非共有電子対をもっている原子は，すべてルイス塩基として作用する可能性をもっている．このルイスの酸・塩基の定義は，錯体の形成や有機化学での反応機構の考察において重要な役割を担う．

アレニウスの酸・塩基の定義に基づいて，酸 1 分子中から電離できる H^+ の数を，**酸の価数**という．酸はその価数によって，1 価の酸，2 価の酸，3 価の酸という．たとえば，表 6.3 に示すように，塩化水素や酢酸は電離すると H^+ を 1 個生じるので，1 価の酸である．また，硫酸は 1 分子から二段階で電離して 2 個の H^+ を生じるので，2 価の酸である．一方，塩基では，化学式に含まれる OH^- の数，あるいは受け取ることができる H^+ の数を，**塩基の価数**という．たとえば，表 6.3 に示すように電離したり，OH^- を受け取ったりするので，水酸化ナトリウムやアンモニアは 1 価の塩基で，水酸化カルシウムは 2 価の塩基である．表 6.4 は，酸・塩基を価数によって分類したものである．

表 6.4 酸・塩基の価数

	酸	塩基
1 価	HF, HCl, HBr, HI, HNO_3, CH_3COOH	NaOH, KOH, NH_3
2 価	H_2SO_4, H_2S, CO_2, $(COOH)_2$	$Ca(OH)_2$, $Ba(OH)_2$, $Mg(OH)_2$, $Cu(OH)_2$
3 価	H_3PO_4	$Al(OH)_3$

6.6.2 電離度と酸・塩基の強弱

塩化ナトリウム水溶液中で，塩化ナトリウムはナトリウムイオン Na^+ と塩化物イオン Cl^- に分離して，溶解している．

$$NaCl \longrightarrow Na^+ + Cl^-$$

このように，物質が水溶液中でイオンに分離する現象を**電離**といい，水に電離して溶解する物質を**電解質**という．一方，水に電離せずに溶解する物質を非電解質という．水に溶解した溶質について，電離した割合をその物質の**電離度**という．電離度は，次式で表される．

$$\text{電離度}\ \alpha = \frac{\text{電離した電解質の物質量}}{\text{溶解した電解質の物質量}}$$

電離度は電解質の種類，濃度，温度によって値が異なる．

酸，塩基のうち，塩化水素 HCl や水酸化ナトリウムなどは水溶液中でほぼ完全に電離して，その電離度は1に近い（$\alpha \fallingdotseq 1$）．水溶液中での電離度が1に近い酸，塩基を**強酸**，**強塩基**という．一方，酢酸 CH_3COOH やアンモニア NH_3 などは水溶液中で大部分が電離しないまま存在している．すなわち，溶質の一部しか電離しておらず，電離度は小さい．電離度の小さい酸・塩基を**弱酸**，**弱塩基**という．

表 6.5 酸・塩基の強弱

	物質
強酸	HCl，HBr，HI，HNO_3，H_2SO_4
弱酸	CH_3COOH，H_2S，HF，CO_2，$(COOH)_2$
強塩基	NaOH，KOH，$Ca(OH)_2$，$Ba(OH)_2$
弱塩基	NH_3，$Cu(OH)_2$，$Mg(OH)_2$

6.6.3 水の電離と水のイオン積

純粋な水は，極めてわずかではあるが電離している．

$$H_2O \rightleftarrows H^+ + OH^- \ (\text{あるいは}\ 2\,H_2O \rightleftarrows H_3O^+ + OH^-)$$

この化学式の両辺の物質が一定の割合で存在し，見かけ上，反応が止まって見える．このような状態を水の**電離平衡**という．H_2O，H^+，OH^- のモル濃度をそれぞれ $[H_2O]$，$[H^+]$，$[OH^-]$ で表すと，次式が成立する．K は平衡定数であるが，電離平衡の場合は特に**電離定数**という．K は温度に依存し，温度が一定であれば常に一定の値をとる．

$$K = \frac{[H^+][OH^-]}{[H_2O]}$$

純粋な水の場合，水の電離はごくわずかなので，$[H_2O]$ は定数と見なせる．よって，上式を変形し，改めて K_w を**水のイオン積**とする．

$$K[H_2O] = [H^+][OH^-] = K_w$$

温度が一定であればK_wに一定値である．25℃での水のイオン積K_wは，$K_w = 1.008 \times 10^{-14}$ $mol^2\,L^{-2}$である．

純粋な水では$[H^+] = [OH^-] = 1.0 \times 10^{-7}\,mol\,L^{-1}$であるが，酸や塩基を加えると，$[H^+]$，$[OH^-]$の値が大きく変化する．純粋な水に酸を加えると，$[H^+]$は$1.0 \times 10^{-7}\,mol\,L^{-1}$よりも大きくなる．このとき，増加した$H^+$が水の中に存在する$OH^-$と反応して（中和して），$H_2O$になる．これに伴って，$[OH^-]$は$1.0 \times 10^{-7}\,mol\,L^{-1}$よりも小さくなる．このようにして，$K_w$は一定値に保たれる．

反対に，純粋な水に塩基を加えると，$[OH^-]$は$1.0 \times 10^{-7}\,mol\,L^{-1}$よりも大きくなる．このとき，増加した$OH^-$が水の中の$H^+$と反応して（中和して），$H_2O$になる．このため，$[H^+]$は$1.0 \times 10^{-7}\,mol\,L^{-1}$よりも小さくなる．この場合も結果的に，$K_w$は一定値に保たれる．このように，$[H^+]$と$[OH^-]$は反比例の関係にある．

また，酸や塩基の水溶液中の水素イオン濃度$[H^+]$は，溶質の電離度，すなわち酸・塩基の強弱に影響される．特に，弱酸や弱塩基の$[H^+]$を求める場合は電離度に注意を払う必要がある．

通常，酸や塩基の水溶液では，水の電離で生じる$[H^+]$や$[OH^-]$の影響はわずかなので無視できる．しかし，酸や塩基の水溶液を限りなく希釈していくと，水の電離の影響が無視できなくなり，$[H^+]$と$[OH^-]$は25℃の場合，$1.0 \times 10^{-7}\,mol\,L^{-1}$に限りなく近くなっていく．

6.6.4　水溶液の液性

純粋な水の水素イオン濃度は$[H^+] = 1.0 \times 10^{-7}\,mol\,L^{-1}$（25℃）である．酸や塩基を加えると水溶液中の$[H^+]$は変化する．純粋な水の$[H^+]$を基準に，$[H^+]$の大小で液性を区分する．

酸性：$[H^+] > 1.0 \times 10^{-7}\,mol\,L^{-1} > [OH^-]$

中性：$[H^+] = 1.0 \times 10^{-7}\,mol\,L^{-1} = [OH^-]$

塩基性：$[H^+] < 1.0 \times 10^{-7}\,mol\,L^{-1} < [OH^-]$

6.6.5　水素イオン指数 pH

水素イオン濃度$[H^+]$は非常に小さい値から大きな値と，幅広い範囲の桁数に渡って変化する．このような場合には，対数を用いて，$[H^+]$を取り扱いしやすいように，直感的にも捉えやすいように，$[H^+]$の表現法を工夫する必要がある．そこで新たに，**水素イオン指数 pH**を次のように定義する（pHは英語読みでピーエィチ，ドイツ語読みでペーハーと発音される）．

$$pH = -\log_{10}[H^+]$$

併せて，

$$pOH = -\log_{10}[OH^-]$$

$$pK_w = -\log_{10}K_w$$

pH	1	2	3	4	5	6	7	8	9	10	11	12	13	14
$[H^+]/mol\ L^{-1}$	10^{-1}	10^{-2}	10^{-3}	10^{-4}	10^{-5}	10^{-6}	10^{-7}	10^{-8}	10^{-9}	10^{-10}	10^{-11}	10^{-12}	10^{-13}	10^{-14}
$[OH^-]/mol\ L^{-1}$	10^{-13}	10^{-12}	10^{-11}	10^{-10}	10^{-9}	10^{-8}	10^{-7}	10^{-6}	10^{-5}	10^{-4}	10^{-3}	10^{-2}	10^{-1}	10^{-0}
身のまわりのpH	トイレ洗剤	檸檬(レモン) 食酢	蜜柑(ミカン) 林檎(リンゴ) 梅干 ソース	醤油	西瓜(スイカ)	大根 牛乳			虫刺され薬（キンカン）	石鹸水	草木灰を入れた水	パイプ洗浄剤		
人体中のpH	胃液				尿		血液	涙						
液性	酸性						中性						塩基性	

図 6.3　$[H^+]$，$[OH^-]$ と身近な物質の pH

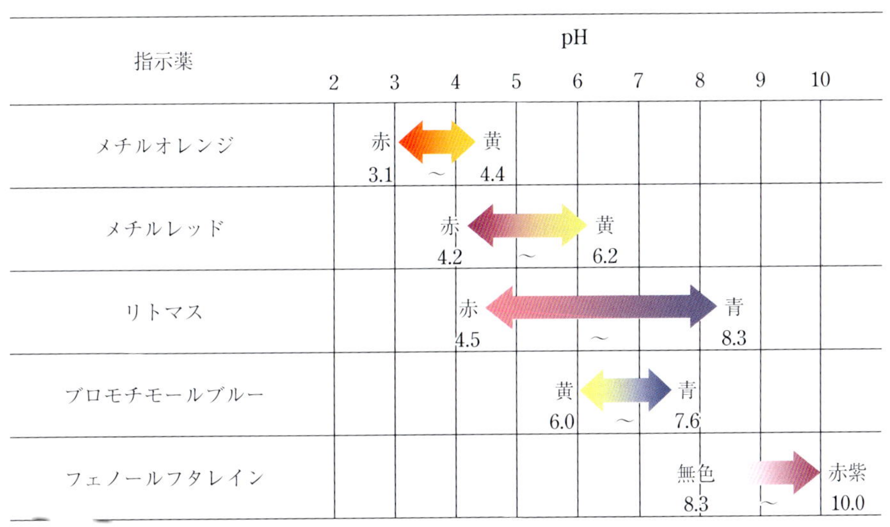

矢印の部分が変色域を示す

図 6.4　主な pH 指示薬の変色域と色の変化

$$= -\log_{10}[H^+][OH^-]$$

$$= -\log_{10}[H^+] - \log_{10}[OH^-]$$

$$= pH + pOH$$

も定義する．

pH を用いると，水溶液の液性は次のように区分できる．

$$酸性：pH < 7 < pOH$$

$$中性：pH = 7 = pOH$$

$$塩基性：pH > 7 > pOH$$

コラム $[H^+]$, $[OH^-]$, pH, K_w が関係する計算例

(1) $[H^+]$ からpHを求める

ある温泉水の水素イオン濃度は 3.98×10^{-2} mol L^{-1} である．定義式に当てはめると，

$$
\begin{aligned}
pH &= -\log_{10}[H^+] \\
&= -\log_{10}[3.98\times10^{-2}] \\
&= -\{\log_{10}(3.98)+\log_{10}(10^{-2})\} \\
&= -\{\log_{10}(3.98)-2\log_{10}10\} \\
&= -\{\log_{10}(3.98)-2\times1\} \\
&= -\log_{10}(3.98)+2 \\
&= -0.5998+2 \\
&= 1.40
\end{aligned}
$$

pHは1.40である．

(2) pHから $[H^+]$ を求める

フランス産のある湧水のpHは7.20である．定義式 $pH=-\log_{10}[H^+]$ から，水素イオン濃度 $[H^+]=10^{-pH}$ と表現できるので，

$$
\begin{aligned}
[H^+] &= 10^{-pH} \\
&= 10^{-7.20} \\
&= 10^{-8+0.80} \\
&= 10^{0.80}\times10^{-8} \\
&= 6.309\times10^{-8}\ \mathrm{mol\ L^{-1}}
\end{aligned}
$$

水素イオン濃度は 6.31×10^{-8} mol L^{-1} である．

(3) $[OH^-]$ から $[H^+]$ を求める

山梨県のある湧水の水酸化物イオン濃度は 5.05×10^{-8} mol L^{-1} である．はじめに，水のイオン積（25 ℃）$K_w=[H^+][OH^-]=1.008\times10^{-14}$ mol^2 L^{-2} を使って $[H^+]$ を求める．

$$
\begin{aligned}
[H^+] &= \frac{K_w}{[OH^-]} \\
&= \frac{1.008\times10^{-14}\ \mathrm{mol^2\ L^{-2}}}{5.05\times10^{-8}\ \mathrm{mol\ L^{-1}}} \\
&= 1.996\times10^{-7}\ \mathrm{mol\ L^{-1}}
\end{aligned}
$$

なお $pH=-\log_{10}[H^+]=-\log_{10}(1.996\times10^{-7})=6.699=6.70$ である．

身のまわりにある物質は，さまざまなpHを示す（図6.3）．その中には，水溶液のpHの変化に対応して，色調が変わる物質がある．これらを**指示薬**（**pH指示薬**）という．指示薬の色調が変わるpHの範囲を変色域といい，変色域は指示薬ごとに異なる（図6.4）．たとえば，メチルオレンジ（変色域 pH = 3.1～4.4），フェノールフタレイン（変色域 pH = 8.3～10.0）などの指示薬がよく用いられる．指示薬をろ紙に染み込ませたpH試験紙を用いると，水溶液のpHを調べられる．リトマス試験紙は指示薬のリトマスをろ紙に染み込ませた，代表的なpH試験紙である．また，pHはpHメーターを用いて，水溶液と基準電極との電位差を測定して，電気化学的に精密に知ることができる．

6.6.6 酸・塩基の中和

塩酸と水酸化ナトリウム水溶液を混合すると，水溶液中では酸であるHClと塩基であるNaOHが次式のように反応する．

$$HCl+NaOH \longrightarrow NaCl+H_2O$$

このように，酸と塩基が互いにその性質を打ち消しあう反応を**中和**という．上式の反応をさらに詳しく見てみよう．HClとNaOHは水溶液中で電離して，イオンとして存在する．

$$
\begin{aligned}
&HCl \longrightarrow H^++Cl^- \\
&NaOH \longrightarrow Na^++OH^- \\
&H^++OH^- \longrightarrow H_2O
\end{aligned}
$$

中和では酸から生じた水素イオン H^+ と，塩基から生じた水酸化物イオン OH^- が結びついて水分

子 H_2O が生成する．中和の本質は酸と塩基が反応して水を生じることである．ただし，HCl と NH_3 の中和反応（$HCl + NH_3 \longrightarrow NH_4Cl$）のように，塩基が OH^- をもたない場合は水を生じないこともある．

一方，水溶液中では Na^+ と Cl^- はイオンのまま存在する．中和後に，水溶液を熱して水を蒸発させると，NaCl の固体が得られる．NaCl のように，酸の陰イオンと塩基の陽イオンが結びついた化合物を塩という．一般に，中和反応では，水と塩を生じる．

要点のまとめ

1． 物質の変化

- 物理変化：物質そのものは変化しないが，その形状・大きさや状態が変化する．

例　物体を押し潰したり引き裂いたりして形状が変化する場合や固体⇔液体⇔気体などの状態の変化（三態の変化）など

- 化学変化（化学反応）：物質の特性や構造が変化する．

例　鉄が湿気で錆びる（純粋な鉄から酸化鉄へ酸化する*）
　木材が燃焼する†
　生卵を加熱してゆで卵にする（タンパク質の変性）

* 酸化：酸素と直接化合したり，反応により水素原子を失ったり，電子を失ったりすること

† 燃焼：物質が熱や光を発生しながら酸素 O_2 と化合する現象のこと

物質中の各元素は，$C \longrightarrow CO_2$，$H \longrightarrow H_2O$，$Na \longrightarrow Na_2O$ などのように，酸素原子と結びついた酸化物に変化する．

2． 化学反応式

- 化学反応式：化学式と矢印 ⟶ を使って化学反応を書き表した式．化学反応を起こす前の原料となる物質群を「反応物」または「原系」，化学反応を起こした後の新しくできた物質群を「生成物」または「生成系」という．

水酸化ナトリウム＋塩酸 ⟶ 塩化ナトリウム＋ 水

$$\underbrace{NaOH + HCl}_{\text{反応物または原系}} \longrightarrow \underbrace{NaCl + H_2O}_{\text{生成物または生成系}}$$

なお，化学反応式にエネルギーも書き加えた熱化学方程式では ⟶ の代わりに ＝ を，また平衡反応では両矢印 $\rightleftarrows$ を使う．

水 H_2O，二酸化炭素 CO_2，塩酸 HCl などの簡単な化学式は必ず覚えておくこと！

3． 化学反応式の量的関係

係数比 ＝ 分子数比 ＝ 物質量比 ＝ 体積比（同温，同圧）
質量比は物質量比と分子量から算出する．

例　メタノールの完全燃焼における量的関係．

$$2\,CH_3OH + 3\,O_2 \longrightarrow 2\,CO_2 + 4\,H_2O$$

表　メタノールの燃焼の量的関係

化学反応式	$2\,CH_3OH$	+	$3\,O_2$	$\longrightarrow$	$2\,CO_2$	+	$4\,H_2O$
係数比	2	:	3	:	2	:	4
分子数比	2分子	:	3分子	:	2分子	:	4分子
物質量比	2 mol	:	3 mol	:	2 mol	:	4 mol
体積比	2	:	3	:	2	:	4
	0℃，1.0×10^5 Pa では 1 mol あたり 22.4 L であるから，						
	$2\text{ mol}\times22.4\text{ L mol}^{-1}$	:	$3\text{ mol}\times22.4\text{ L mol}^{-1}$	:	$2\text{ mol}\times22.4\text{ L mol}^{-1}$	:	$4\text{ mol}\times22.4\text{ L mol}^{-1}$
	44.8 L	:	67.2 L	:	44.8 L	:	89.6 L
質量比	$2\times32=64$ g	:	$3\times32=96$ g	:	$2\times44=88$ g	:	$4\times18=72$ g

質量比は物質量比と分子量から算出する．

例題 1　エタノール C_2H_5OH が完全燃焼するときの化学反応式を書け．

解答

エタノール＋　酸素　$\longrightarrow$ 二酸化炭素＋　水

$\square\,C_2H_5OH + \square\,O_2 \longrightarrow \square\,CO_2 + \square\,H_2O$

□の係数を次のように決める．

(1) もっとも複雑な物質（この場合，3種類の元素を含む C_2H_5OH）の係数を1とする（1でなくてもよいが，1ならば以下の計算が簡単になる）．

$\boxed{1}\,C_2H_5OH + \square\,O_2 \longrightarrow \square\,CO_2 + \square\,H_2O$

(2) 原子の数を数えるときには，数学の方程式と同様に，次のように（　）をつけて考えるとわかりやすい．

$2\,O_2 \longrightarrow 2(O_2)$　O原子は4個

$2\,H_2O \longrightarrow 2(H_2O)$　H原子は4個，O原子は2個

(3) 各元素の登場回数は，

C : C_2H_5OH と CO_2 の2回

H : C_2H_5OH と H_2O の2回

O : C_2H_5OH と O_2 と CO_2 と H_2O の4回

登場回数の少ない元素から順に決めていくので，C, H の原子数を先に考え，O を後回しにする．

(4) C の原子数：左辺は $1\times2=2$ 個⇒右辺も C を2個にする．

CO_2 の係数：$2=\square\times1$，$\square=2$

$\boxed{1}\,C_2H_5OH + \square\,O_2 \longrightarrow \boxed{2}\,CO_2 + \square\,H_2O$

(5) H の原子数：左辺は $1\times6=6$ 個⇒右辺も H を6個にする．

H_2O の係数：$6=\square\times2$，$\square=3$

$\boxed{1}\,C_2H_5OH + \square\,O_2 \longrightarrow \boxed{2}\,CO_2 + \boxed{3}\,H_2O$

(6) O の原子数：右辺は $2\times2+3\times1=7$ 個⇒左辺も O を7個にする．

（C_2H_5OH の O を計算に含めるのを忘れないように！）

O_2 の係数：$1\times1+\square\times2=7$，$\square=3$

$\boxed{1}\,C_2H_5OH + \boxed{3}\,O_2 \longrightarrow \boxed{2}\,CO_2 + \boxed{3}\,H_2O$

(7) 検算する．左辺と右辺で各元素の原子数が等しい！

	左辺	右辺
C 原子の数	2	2
H 原子の数	6	6
O 原子の数	$1+3\times2=7$	$2\times2+3\times1=7$

(8) 最後に係数 1 を省略．最終的な化学反応式は，

$$C_2H_5OH+3\,O_2 \longrightarrow 2\,CO_2+3\,H_2O$$

(別解) 未定係数法

もっとも複雑な物質 C_2H_5OH の係数を 1 とし，残りの未定係数 a, b, c について，左辺と右辺で各元素の原子数が等しくなるように連立方程式を立ててこれを解く．

$C_2H_5OH+\boxed{a}\,O_2 \longrightarrow \boxed{b}\,CO_2+\boxed{c}\,H_2O$

C 原子数：$2=b\times1$

H 原子数：$6=c\times2$

O 原子数：$1+a\times2=b\times2+c\times1$

$\therefore\ a=3,\ b=2,\ c=3$

$C_2H_5OH+3\,O_2 \longrightarrow 2\,CO_2+3\,H_2O$

例題 2　4 mol のメタノール CH_3OH が完全燃焼した．次の問いに答えよ．ただし，原子量は H:1.0，C:12，O:16，0 ℃，1 atm = 1 気圧 $=1.0\times10^5$ Pa で 1 mol の気体の体積は 22.4 L，アボガドロ定数は $6.0\times10^{23}\ \mathrm{mol^{-1}}$ とする．

(1)　この燃焼には何 mol の酸素が必要か．

(2)　何 g の二酸化炭素と水が生成するか．

(3)　生成した二酸化炭素は 0 ℃，1 atm $=1.0\times10^5$ Pa で何 L か．

(4)　生成した水分子は何個か．

解答　物質量 (mol) を中心にして考えるとわかりやすい．化学反応式は，

$$2\,CH_3OH+3\,O_2 \longrightarrow 2\,CO_2+4\,H_2O$$

係数比 = 物質量比は

$CH_3OH : O_2 : CO_2 : H_2O$

$=2:3:2:4$　(係数比)

$=2\ \mathrm{mol}:3\ \mathrm{mol}:2\ \mathrm{mol}:4\ \mathrm{mol}$　(物質量比)

$=(2\ \mathrm{mol}\times2):(3\ \mathrm{mol}\times2):(2\ \mathrm{mol}\times2):(4\ \mathrm{mol}\times2)$

(CH_3OH の係数を 4 にするために，すべての項に 2 を掛けた．)

$=4\ \mathrm{mol}:6\ \mathrm{mol}:4\ \mathrm{mol}:8\ \mathrm{mol}$

つまり，4 mol の CH_3OH と 6 mol の O_2 が反応して，4 mol の CO_2 と 8 mol の H_2O が生成する．

(1)　4 mol の CH_3OH が燃焼するには，6 mol の O_2 が必要である．

(2)　CO_2：分子量は 44，モル質量は $44\ \mathrm{g\ mol^{-1}}$ である．4 mol の CO_2 の質量は，

$$(4\ \mathrm{mol})\times(44\ \mathrm{g\ mol^{-1}})=176\ \mathrm{g}$$

H_2O：分子量は 18，モル質量は $18\ \mathrm{g\ mol^{-1}}$ である．8 mol の H_2O の質量は，

$$(8\ \mathrm{mol})\times(18\ \mathrm{g\ mol^{-1}})=144\ \mathrm{g}$$

(3)　0 ℃，1 atm で 1 mol の気体の体積が 22.4 L なので，生成した 4 mol の CO_2 の体積は，

$$1\ \mathrm{mol}:22.4\ \mathrm{L}=4\ \mathrm{mol}:x\ [\mathrm{L}]$$

$$x\ [\mathrm{L}]=(4\ \mathrm{mol})\times(22.4\ \mathrm{L\ mol^{-1}})=89.6\ \mathrm{L}$$

(4)　1 mol は 6.0×10^{23} 個の粒子の集団であるから，生成した水分子 8 mol は，

$1\ \mathrm{mol}.\ 6.0\times10^{23}=8\ \mathrm{mol}:y$

$y=(8\ \mathrm{mol})\times(6.0\times10^{23}\ \mathrm{mol^{-1}})=4.8\times10^{24}$ (個)

練習問題 6

6.1 次の化学反応式の係数を求め，反応式を完成せよ．

(1) □$NH_4Cl + Ca(OH)_2$
$\longrightarrow CaCl_2 +$ □$H_2O +$ □NH_3

(2) $2\,Mg + O_2 \longrightarrow$ □MgO

(3) $CH_4 +$ □$O_2 \longrightarrow CO_2 +$ □H_2O

(4) $2\,C_2H_6 +$ □$O_2 \longrightarrow$ □$CO_2 +$ □H_2O

(5) $2\,C_2H_2 +$ □$O_2 \longrightarrow$ □$CO_2 +$ □H_2O

(6) $2\,CH_3CHO +$ □$O_2 \longrightarrow$ □$CO_2 +$ □H_2O

(7) $CH_3COOH +$ □$O_2 \longrightarrow$ □$CO_2 +$ □H_2O

6.2 次の反応を化学反応式で書き表したい．空欄にあてはまるものを下の(ア)〜(コ)から，それぞれ1つずつ選べ．同じものを何度選んでもよい．

(1) 炭酸ナトリウム Na_2CO_3 に塩酸を注ぐと，二酸化炭素と水と塩化ナトリウムが生成する．

$$Na_2CO_3 + 2\boxed{a} \longrightarrow CO_2 + \boxed{b} + 2\boxed{c}$$

(2) 炭酸カルシウム $CaCO_3$ と塩酸を反応させたところ，二酸化炭素と水と塩化カルシウム $CaCl_2$ が生成した．

$$CaCO_3 + 2\boxed{a} \longrightarrow \boxed{b} + H_2O + CaCl_2$$

(3) アルミニウムに硫酸を注ぐと，水素と硫酸アルミニウム $Al_2(SO_4)_3$ が生成する．

$$2\,Al + \boxed{a}\,H_2SO_4 \longrightarrow \boxed{b}\,H_2 + Al_2(SO_4)_3$$

(4) プロパン C_3H_8 を完全燃焼させると，二酸化炭素と水になる．

$$C_3H_8 + 5\boxed{a} \longrightarrow 3\boxed{b} + 4\boxed{c}$$

(5) エタノール C_2H_5OH を完全燃焼させると，二酸化炭素と水になる．

$$C_2H_5OH + \boxed{a}\,O_2 \longrightarrow \boxed{b}\,CO_2 + \boxed{c}\,H_2O$$

(ア) NaCl　(イ) HCl　(ウ) H_2O
(エ) O_2　(オ) CO_2　(カ) 1　(キ) 2
(ク) 3　(ケ) 4　(コ) 5

6.3 エチレン C_2H_4 を完全燃焼させると，二酸化炭素と水が生じる．この反応について次の(1)〜(4)に答えよ．ただし，原子量は H:1.0，C:12，O:16，0℃，1 atm ＝ 1 気圧 ＝ 1.0×10^5 Pa で 1 mol の気体の体積(モル体積)は 22.4 L mol^{-1} とする．

(1) エチレン 0.10 mol を完全燃焼させるために必要な O_2 の物質量は何 mol か．

(2) エチレン 3.0 mol を完全燃焼させるために必要な O_2 の体積は 0℃，1.0×10^5 Pa で何 L か．

(3) エチレン 2.8 g を完全燃焼させると，生成する水は何 g か．

(4) エチレン 56 g を完全燃焼させると，生成する二酸化炭素は何 g か．

6.4 エタノール C_2H_5OH を完全燃焼させると，二酸化炭素と水が生じる．この反応について次の(1)〜(3)に答えよ．ただし，原子量は H:1.0，C:12，O:16，0℃，1 atm ＝ 1.0×10^5 Pa で気体のモル体積(1 mol の体積)は 22.4 L mol^{-1}，アボガドロ定数は 6.0×10^{23} mol^{-1} とする．

(1) エタノール 0.50 mol を完全燃焼させるために必要な O_2 の体積は 0℃，1.0×10^5 Pa で何 L か．

(2) エタノール 2.3 g を完全燃焼させると，生成する水分子は何個か．

(3) エタノール 69 g を完全燃焼させると，生成する二酸化炭素は何 g か．

6.5 亜鉛 6.5 g を希硫酸に溶かして完全に反応させると，水素と硫酸亜鉛 $ZnSO_4$ が生成する．この反応について次の(1)〜(3)に答えよ．ただし，原子量は H:1.0，O:16，S:32，Zn:65，0℃，1.0×10^5 Pa で気体のモル体積は 22.4 L mol^{-1} とする．

(1) 発生する水素は 0℃，1.0×10^5 Pa で何 L か．

(2) 硫酸 H_2SO_4 は何 g 消費されるか．

(3) 生成する硫酸亜鉛は何 g か．

略解

6.1 (1) $\boxed{2}\,NH_4Cl + Ca(OH)_2$
$\longrightarrow CaCl_2 + \boxed{2}\,H_2O + \boxed{2}\,NH_3$

(2) $2\,Mg + O_2 \longrightarrow \boxed{2}\,MgO$

(3) $CH_4 + \boxed{2}\,O_2 \longrightarrow CO_2 + \boxed{2}\,H_2O$

(4) $2\,C_2H_6 + \boxed{7}\,O_2 \longrightarrow \boxed{4}\,CO_2 + \boxed{6}\,H_2O$

(5) $2\,C_2H_2 + \boxed{5}\,O_2 \longrightarrow \boxed{4}\,CO_2 + \boxed{2}\,H_2O$

(6) $2\,CH_3CHO + \boxed{5}\,O_2 \longrightarrow \boxed{4}\,CO_2 + \boxed{4}\,H_2O$

(7) $CH_3COOH + \boxed{2}\,O_2 \longrightarrow \boxed{2}\,CO_2 + \boxed{2}\,H_2O$

6.2 (1) (a)(イ)　(b)(ウ)　(c)(ア)

(2) (a)(イ)　(b)(オ)

(3) (a)(ク)　(b)(ク)

(4) (a)(エ)　(b)(オ)　(c)(ウ)

(5) (a)(ク)　(b)(キ)　(c)(ク)

6.3 (1) 0.30 mol　(2) 201.6 L

(3) 3.6 g　(4) 176 g

6.4 (1) 33.6 L　(2) 9.0×10^{22} 個

(3) 132 g

6.5 (1) 2.24 L　(2) 9.8 g　(3) 16.1 g

付　録

付表 1　SI 基本・補助単位の名称と記号

基本単位	長さ	メートル	m
	質量	キログラム	kg
	時間	秒	s
	電流	アンペア	A
	熱力学温度	ケルビン	K
	物質量	モル	mol
	光度	カンデラ	cd
補助単位	平面角	ラジアン	rad
	立体角	ステラジアン	sr

付表 2　特別な名称と記号を持つ SI 組立単位

量	名称と記号		他の単位との関係
周波数	ヘルツ	Hz	s^{-1}
力	ニュートン	N	$m\,kg\,s^{-2}$
圧力，応力	パスカル	Pa	$N\,m^{-2} = m^{-1}\,kg\,s^{-2}$
エネルギー，仕事，熱量	ジュール	J	$N\,m = m^2\,kg\,s^{-2}$
工率，仕事率	ワット	W	$J\,s^{-1} = m^2\,kg\,s^{-3}$
電荷	クーロン	C	$s\,A$
電位，電圧，起電力	ボルト	V	$J\,C^{-1} = m^2\,kg\,s^{-3}\,A^{-1}$
静電容量，キャパシタンス	ファラド	F	$C\,V^{-1} = m^{-2}\,kg^{-1}\,s^4\,A^2$
電気抵抗	オーム	Ω	$V\,A^{-1} = m^2\,kg\,s^{-3}\,A^{-2}$
コンダクタンス	ジーメンス	S	$\Omega^{-1} = m^{-2}\,kg^{-1}\,s^3\,A^2$
磁束	ウェーバ	Wb	$V\,s = m^2\,kg\,s^{-2}\,A^{-1}$
磁束密度	テスラ	T	$V\,s\,m^{-2} = kg\,s^{-2}\,A^{-1}$
インダクタンス	ヘンリー	H	$V\,s\,A^{-1} = m^2\,kg\,s^{-2}\,A^{-2}$
セルシウス温度*	セルシウス度	℃	K

*）セルシウス温度 t は，次式で定義される．

t/℃ $= T$/K-273.15

付表 3　基礎的な物理定数

物理定数	記　号	数値と単位
真空中の光速度	c, c_0	2.99792458×10^8 m s^{-1}
真空の誘電率	$\varepsilon_0 = \mu_0{}^{-1} c_0{}^{-2}$	$8.8541878128(13) \times 10^{-12}$ F m^{-1}
真空の透磁率	μ_0	$1.25663706212(19) \times 10^{-6}$ N A^{-2}
重力定数（万有引力定数）	G	6.67430×10^{-11} m^3 kg^{-1} s^{-2}
標準重力加速度	g_n	9.80665 m s^{-2}
電気素量	e	$1.602176634 \times 10^{-19}$ C
プランク定数	h	$6.62607015 \times 10^{-34}$ J s
アボガドロ定数	L, N_A	$6.02214076 \times 10^{23}$ mol^{-1}
ファラデー定数	$F = N_A e$	9.64853321×10^4 C mol^{-1}
気体定数	R	8.314462618 J K^{-1} mol^{-1}
絶対零度	T_0	-273.15 ℃ $= 0$ K
ボルツマン定数	$k, k_B = R/N_A$	1.380649×10^{-23} J K^{-1}
理想気体のモル体積 (1.01325×10^5 Pa, 273.15 K)	V_A	22.41396954... L mol^{-1}

付表 4　SI 単位と併用されている非 SI 単位

量	名称と記号		SI 単位による値
長さ	オングストローム*	Å	(= 0.1 nm) = 10^{-10} m
	ミクロン	μ	(= 1 μm) = 10^{-6} m
質量	ダルトン	Da	= 1.66054×10^{-27} kg
	トン	t	(= 10^6 g) = 10^3 kg
時間	分	min	= 60 s
	時間	h	= 3600 s
	日	d	= 86400 s
体積	リットル	l, L	= 10^{-3} m^3
圧力	バール*	bar	(= 0.1 MPa) = 10^5 Pa
	気圧*	atm	= 1.01325×10^5 Pa
	トル*	Torr	= 133.322 Pa
エネルギー	熱化学カロリー*	cal	= 4.184 J
	電子ボルト	eV	= 1.60218×10^{-19} J

（*は，2019 年から SI 単位との併用を認められないことになった.）

付表 5　10 の整数乗倍を表す SI 接頭語の名称と記号

10^{-1}	デシ	d	10^{1}	デカ	da
10^{-2}	センチ	c	10^{2}	ヘクト	h
10^{-3}	ミリ	m	10^{3}	キロ	k
10^{-6}	マイクロ	µ	10^{6}	メガ	M
10^{-9}	ナノ	n	10^{9}	ギガ	G
10^{-12}	ピコ	p	10^{12}	テラ	T
10^{-15}	フェムト	f	10^{15}	ペタ	P
10^{-18}	アト	a	10^{18}	エクサ	E
10^{-21}	ゼプト	z	10^{21}	ゼタ	Z
10^{-24}	ヨクト	y	10^{24}	ヨタ	Y
10^{-27}	ロント	r	10^{27}	ロナ	R
10^{-30}	クエクト	q	10^{30}	クエタ	Q

付表 6　ギリシア文字のアルファベットと読み方

A	α	alpha	アルファ	N	ν	nu	ニュー
B	β	beta	ベータ	Ξ	ξ	xi	グザイ，クシー
Γ	γ	gamma	ガンマ	O	o	omicron	オミクロン
Δ	δ	delta	デルタ	Π	π	pi	パイ
E	ε	epsilon	イプシロン	P	ρ	rho	ロー
Z	ζ	zeta	ゼータ，ツェータ	Σ	σ	sigma	シグマ
H	η	eta	イータ，エータ	T	τ	tau	タウ
Θ	θ	theta	シータ	Υ	υ	upsilon	ウプシロン
I	ι	iota	イオタ	Φ	φ, ϕ	phi	ファイ
K	κ	kappa	カッパ	X	χ	chi	カイ
Λ	λ	lambda	ラムダ	Ψ	ψ	psi	プサイ
M	μ	mu	ミュー	Ω	ω	omega	オメガ

索　引

執筆者紹介（五十音順）
池田　茉莉　千葉工業大学　第5章
伊藤　晋平　千葉工業大学　第4章
尾身　洋典　千葉工業大学　第3章
小林　憲司　千葉工業大学　第4章
笠嶋　義夫　千葉工業大学　第5章
谷合　哲行　千葉工業大学　第1章
半沢　洋子　千葉工業大学　第6章
松澤　秀則　千葉工業大学　第3章
南澤麿優覧　千葉工業大学　第2章

物質科学の基礎としての 化学入門　第2版

2013年 3月31日　第1版　第1刷　発行
2021年 2月20日　第1版　第5刷　発行
2024年10月20日　第2版　第1刷　印刷
2024年10月31日　第2版　第1刷　発行

著　　者　大学の基礎化学教育研究会
発 行 者　発　田　和　子
発 行 所　株式会社 学術図書出版社
〒113-0033　東京都文京区本郷 5－4－6
TEL 03-3811-0889　　振替 00110-4-28454
印刷　中央印刷（株）

定価はカバーに表示してあります.

本書の一部または全部を無断で複写（コピー）・複製・転載することは，著作権法で認められた場合を除き，著作者および出版社の権利の侵害となります．あらかじめ，小社に許諾を求めてください．

© 2013, 2024　大学の基礎化学教育研究会
Printed in Japan
ISBN978-4-7806-1289-9　C3043